Betrachtungen

über

die sittlichen Elemente

des

Krieger-Standes.

Von

Alexander Freiherr von Forstner,

Oberst-Lieutenant außer Dienst, Ritter des rothen Adler-Ordens vierter Klasse.

Berlin, 1847.

Verlag von G. Reimer.

Vorwort.

Soll das Vorwort nicht zu einer Vorrede und diese nicht zum Umfange einer eigenen Schrift anwachsen; so habe ich nur Nachstehendes dem geehrten Leser kurz vorzuführen.

Der Zweck der vorliegenden Schrift ist kein anderer, als: das Resultat einer längeren als dreißigjährigen Beobachtung und Forschung über die sittlichen Elemente des Kriegerstandes, denen hochgeehrten Herren Kameraden, welche sich für diesen wichtigen Gegenstand besonders interessiren, zur geneigten Prüfung zu übergeben. — Diese Elemente sind, so viel ich weiß, noch nicht im Zusammenhange bearbeitet; wenigstens nicht in der hier niedergelegten Weise. Es sollten auch für jetzt hier nur kurze Grundzüge, ohne eine streng wissenschaftliche Anordnung gegeben werden, deren Ausführung einen eigenen Theil der Militair-Literatur in's Leben rufen könnte. Möchten daher die Anregungen, welche vielleicht durch die Skizzen dieser wenigen Bogen hervorgerufen werden, zu einer vorurtheilsfreien Betrachtung jener Elemente, nicht ohne Nutzen vorübergehen, und zum Heile des Kriegerstandes der ernstesten Prüfung unterworfen werden, mit der Gesinnung, welche die sittliche Grundlage nicht verleugnet. Nur dann kann besonnen besprochen werden, was in Begeisterung erfaßt ist. — Aber fern sei jede

Verdächtigung verschiedener Ansichten, sobald letztere aus einer lauteren Quelle kommen. Diese Verschiedenheit erzeuge vielmehr einen Kampf, auch um die Erkenntniß des Wahren und Guten auf dem Gebiete der sittlichen Elemente des Kriegerstandes, wie sie längst einen Kampfplatz fand für die wissenschaftlichen und technischen Elemente unseres Standes. — Aber dieser Kampf möge nur geführt werden: auch mit sittlichen Waffen. —

Für jetzt erlaube ich mir über den Ursprung dieser Schrift nur kurz anzuführen, daß sie bereits in den Jahren **1821** und **1822** geschrieben ward und seitdem vollständig zum Drucke fertig lag. — Was ich vor einem Vierteljahrhundert über die in Rede stehenden Elemente, vom damaligen Standpunkte angesehen dachte, — es ist noch meine Meinung. Aber in einem, in der Darstellung geläuterterem und geändertem Gewande wie früher, tritt in einer völlig neuen Ueberarbeitung diese Schrift in die Oeffentlichkeit. — So Manches was in der ersten Bearbeitung nur als ein kühner Wunsch erschien, es ist seitdem verwirklicht. — Möchte es bald auch mit dem Uebrigen so werden, sobald dies sich nach reiflicher Prüfung als sittlich bewährt hat; die praktische Bewährung wird dann nicht ausbleiben.

Berlin, Anfang Februar 1847.

v. Forstner.

II.

Ueber den Krieg vom sittlichen Standpunkte aus.

Der Mensch ist nicht geschaffen um einzeln zu leben; nur in der Gemeinschaft und durch diese, ist das Menschengeschlecht einer immer größeren Vervollkommnung fähig. Diese Behauptung wird, als allgemein anerkannt, hier vorausgesetzt. Jedem Einzelnen soll, sofern die Gemeinschaft als auf einem sittlichen Standpunkte stehend anerkannt wird, die volle Möglichkeit gesichert sein, seine geistigen wie seine physischen Kräfte frei zum Besten der Gesammtheit, das in seiner höheren Bedeutung unzertrennlich von dem des Einzelnen ist, zu entwickeln. Nur sofern hierin Störungen für die Gemeinschaft eintreten, — und diese werden, bei dem zugegebenen Mangel einer bereits erlangten sittlichen Vollendung der Menschheit, noch vielfältig vorkommen — soll eine Abwehr der unsittlichen Entwickelung, zufolge der erlangten Erkenntniß, eintreten. — In der Nothwendigkeit und der Art solches Einschreitens, ist der Maaßstab dafür zu erkennen, auf welchem Standpunkte sittlicher Bildung der Einzelne, die größere Gemeinschaft bis zur größten: der menschlichen Gesellschaft, gelangt ist. — Aber wir erkennen zugleich die, vom Schöpfer angeordnete Theilung der gesammten

Menschheit in Völker, deren jedes zunächst auf die eigene Förderung seiner Entwickelung, dann aber auch zugleich auf die Verbindung mit den übrigen Völkern angewiesen ist. Die Geschichte lehrt, soweit die Nachrichten reichen, wie die Bewohner der Erde sich in der genannten Beziehung: ihrer eigenen und der gegenseitigen sittlichen Entwickelung, bisher verhalten haben. —

Auf welchem Standpunkte sittlicher Bildung gegenwärtig die Menschheit steht; muß, auch ohne nähere Schilderung, als bekannt vorauszusetzen hier gestattet sein. — Wie sich auch einerseits der Blick des Menschenfreundes trüben mag, wenn er auf jene Bildung des ganzen Menschengeschlechts, der Völker, der kleineren Gemeinschaften und der Einzelnen sieht; so findet er andererseits Freude genug, wenn er den allmähligen Fortschritt der sittlichen Bildung der gesammten Menschheit, wie die Geschichte ihn vorführt, betrachtet; und in der That: was ist alles Forschen, wenn es nicht auf den Glauben an den endlichen Sieg des Guten führt! — Doch darf solche beglückende Betrachtung nicht verhindern, auch das Böse in seiner ganzen Wirksamkeit zu erkennen und zu würdigen; sie muß zugleich anregen, dem Bösen, sobald es erkannt ist, durch sittliche Mittel entgegen zu treten, um es so viel als möglich zu verhindern. — Es ist ein Gegenstand der Geschichte, zu untersuchen und vorzuführen, wie sich nach und nach theils ganze Völker, theils Theile derselben zu einer engeren Gemeinschaft vereinigten, um ihre sittliche Entwikkelung und die Abwehr der Gegenwirkungen zu regeln, und hierdurch die Nothwendigkeit eines Verhältnisses Regierter und Regierender, also: des Staates, zu begründen. Es ist der Gegenstand der Politik im weiteren Sinne, als Wissenschaft, den Staat in seiner sittlichen Gestaltung zu bilden; sowol in seinen inneren Angelegenheiten, also in seiner Verfassung, wie auch in seinen äußeren Verhältnissen zu anderen Staaten, also in seiner Politik im engeren Sinne des Worts oder in der Diplomatie. Hierbei sind jedoch verschieden zu beurtheilen: solche Staaten, welche inmitten anderer wohlgeordneter Staaten liegen, und solche, welche noch an Horden oder ganz unkultivirte Staaten grenzen. Mannigfaltig wirken hierbei ein die geographischen Verhältnisse und die bereits erlangten Beziehungen zu den übrigen Völkern. —

Betrachten wir wiederum das Leben eines einzelnen Menschen in einem wohlgeordneten Staate; so kann es, auf dem Standpunkte der gegenwärtigen sittlichen Bildung der Menschen im Ganzen, bei der Mannigfaltigkeit der Bildung, der Neigungen und der nicht vorher zu bestimmenden Beziehungen zu anderen Menschen, noch nicht ausbleiben, daß eine Vereinigung auf dem im letzten Grunde allein sittlichen Gebiete, in vielen Fällen noch nicht zu Stande kommt. — Alsdann kann nur ein Dritter entscheiden, in sofern dieser als unbefangen und selbst als sittlich zum Richter erkannt wird. — Es liegt in der noch unvollkommenen menschlichen Natur, daß der Einzelne, wenn er mit einem Andern nicht einig wird, aber eine Vereinigung für das fernere Handeln als nothwendig erkennt, sobald beim Gegner Unverstand oder böser Wille als Hemmung zur Vereinigung vorausgesetzt wird und kein anerkannter Richter dazwischen tritt, den Gegner durch Gewalt, die in letzter Instanz eine physische ist, zu zwingen sucht, dem Widerstande nicht ferner Folge geben zu können. — Wo zuletzt die Anwendung der Gewalt hinführt, — daß sie selbst mit der physischen Vernichtung des Gegners enden kann — ist nicht immer vorher zu erkennen. Viele

Betrachtungen drängen sich hier auf: ob solch ein Verfahren sittlich zu rechtfertigen sei; — aber das genannte Resultat scheint uns unabweisbar geboten, wie gesagt: wenn eine Ausgleichung nothwendig, eine Vereinigung nicht zu erlangen und zugleich kein ausgleichender Richter vorhanden ist. — Es darf also in einem Staate, wo doch immer ein Richter ist, nie von einem solchen Zwange des Einzelnen gegen einen Andern die Rede sein; das Gesetz tritt hier ein. Wer diese Beziehung zum Gesetze verkennt, wer sich selbst Recht schafft, nicht also es nachsucht; der handelt unsittlich, und es erscheint als ein Mangel des Gesetzes, wenn Fälle eintreten könnten, wo bei Streit in äußeren Dingen kein Richter einschreiten kann. Eine Macht in der genannten Rücksicht, ohne einen weltlichen Richter, als ein Recht auszuüben: steht nur den Eltern oder deren Stellvertretern, gegen Unmündige zu; das erkennt Jeder, innerhalb bestimmter Grenzen, als ein natürliches Recht an. — Der Obrigkeit steht aber nicht nur in streitigen Fällen das Recht zu, sondern die Pflicht liegt ihr ob, im geeigneten Falle gesetzlich die Gewalt eintreten zu lassen. Diese Fälle zu bestimmen, ist Aufgabe der Gesetzgebung, und in dem Maaße, als diese selbst eine sittliche ist, wird sie mit größtem Bedachte das Einschreiten der Gewalt anordnen. Nur wenn keine Verständigung mehr als möglich erachtet wird, so wie da, wo Gefahr im Verzuge ist, darf Gewalt, dann aber auch erforderlichen Falls die äußerste angewendet werden.

Wenn vorstehende Ansicht als richtig erkannt ist, so wird sich Niemand weigern, auch nur den Zustand unter den verschiedenen Staaten, als einen sittlichen anzuerkennen, bei welchem die gegenseitigen Streitigkeiten, nöthigenfalls durch einen Richter ausgeglichen worden. Einzelne Fälle sind bereits durch Schiedsrichter entschieden; aber es ist noch nicht dahin gekommen, in jedem Falle, eigene Staaten- oder Völker-Gerichte als entscheidend bei Streitigkeiten unter den Staaten anzuerkennen. Da bleibt denn nur das Eintreten des physischen Kampfes: des Krieges, um den Gegner zur Annahme des eigenen Willens zu zwingen. Ist der erkannte eigene Wille als ein sittlicher, der des Gegners aber als unsittlich erkannt; so ist der Krieg, von Seiten des Erstern als sittlich geboten, also auch als erlaubt zu erkennen. — Wohl mag der, welcher über den Krieg entscheidet, mit allen ihm zu Gebote stehenden geistigen Gaben und Mitteln prüfen: ob der Krieg im besonderen Falle sittlich geboten, also die Annahme des eigenen Willens von Seiten des Gegners nöthig ist; dann aber für den Fall der Bejahung, auch wiederum alle Kräfte aufbieten, den Krieg mit Nachdruck und möglichster Beschleunigung zur Beendigung zu führen. — Ueber die Mittel zur sittlichen Kriegführung, und namentlich über die Vorbereitung hiezu, sollen in den folgenden Abschnitten nähere Betrachtungen angestellt werden.

Es ist aber auch oft gegen den Krieg von vorne herein behauptet: daß er unchristlich sei. — Halten wir nun auch das Christenthum für die höchste Gabe des Schöpfers an die Menschen, und erscheinen uns ihre Lehren ihrem inneren Kerne nach als göttlicher Natur; ja, wird bei der Verwirklichung des Christenthums in der Menschheit, also bei der alleinigen Herrschaft der Liebe, vom Kriege keine Rede mehr sein können; so verbietet doch das Christenthum der Menschheit, auf dem gegenwärtigen Standpunkte ihrer sittlichen Bildung, keinesweges den Krieg, sobald derselbe als ein Kampf des Rechts durch die gegen das Unrecht anzuwendende Macht, in letzter Instanz, auch sittlich begründet ist. Das Gebot: „Du sollst nicht tödten," kann hier nicht entscheiden; denn eben so gewichtige Stellen, mehr als eine, stehen jenem Gebote in der Schrift entgegen. — Wer tödtet, um zu tödten, ist dem Gesetz verfallen; ob dies die Wiedertödtung als Strafe erlaubt, erscheint noch als der Gegenstand einer unausgemachten Untersuchung. Aber der Zweck des Krieges ist auch nicht die Tödtung des Gegners; erfolgt diese, so ist sie für den Zweck des sittlich erlaubten und geführten Krieges, zuweilen das nicht zu Vermeidende, oft aber auch nur das Zufällige. Selbst die Natur, auch da, wo wir ein unmittelbares göttliches Walten anerkennen, tödtet, nach bestimmten Gesetzen, die im Einzelnen noch unbekannt sind, im Ganzen aber als tief begründet in der Natur, auch durch die Erfahrung theilweise bekannt sind. Wir erkennen ja sogar den Tod des Leibes, als den nothwendigen Uebergang zum höheren Leben. Hieraus soll das Tödten nicht als erlaubt oder gar als geboten hergeleitet werden, sondern nur als das nicht unbedingt Verbotene. Wer aber gar meint: daß die Vorsehung den Krieg zulasse oder ihn gebiete, damit der Uebervölkerung vorgebeugt werde; — und wol ist solche Behauptung nicht selten — der möge zunächst nur die Erfahrung fragen: was denn eigentlich eine Verminderung der Menschenmenge durch den Krieg, sagen will.

Daß es Kriege giebt, die als unsittliche, mithin als unerlaubte zu betrachten sind, liegt im Vorstehendem. Der Erkenntniß, wie der Gesinnung des Einzelnen muß es überlassen bleiben, ob sein Gewissen ihm erlaubt, in solchem Kriege zu kämpfen, auf die Gefahr hin, was für Folgen im Falle der Weigerung das Gesetz in seiner gegenwärtigen

Gestalt über ihn verhängt. Aber sehr schwer ist es zu erkennen: ob ein besonderer Krieg als ein unsittlicher zu betrachten sei oder nicht; ja, es möchte solche Beurtheilung, bei dem gegenwärtigen Standpunkte politischer Bildung, in den meisten Fällen, dem Einzelnen auf untergeordneten politischem Standpunkte, unmöglich sein. — Man hat oft gesagt: der Angriffskrieg sei verboten, der Vertheidigungskrieg aber erlaubt. Im Allgemeinen nur erscheint diese Ansicht als richtig; ihre Richtigkeit verschwindet aber fast ganz wieder, wenn man bedenkt, daß es, einzelne Kriege abgerechnet, fast immer unentschieden bleibt, ob der Krieg zu einer oder der andern jener Arten gehört; ja, der eigentlich Angreifende kann sehr wol der sein, welcher sich vertheidigt, so wie der sich vertheidigende Theil der eigentliche Angreifer sein kann. Wie vieles geht dem Ausbruche eines Krieges vorher; oft die Geschichte von Jahrhunderten! — Wenn man aber einen Eroberungskrieg sofort als unsittlich zu verwerfen geneigt ist, so ist auch dies zu schnell geurtheilt; denn wie leicht erscheint der Krieg auf den ersten Anblick als ein Eroberungskrieg, wo der Eroberer im sittlichen Rechte ist: das mit Unrecht ihm Entrissene, oft nicht einmal Abgetretene, wieder zu erobern; solcher Krieg kann ein eigentlicher Vertheidigungskrieg sein, zur Selbsterhaltung des Staats unerläßlich. — Reich ist die Geschichte an Belägen aller Art, sittlicher und unsittlicher Kriege. Noch giebt es der Formen viele, unter welchen der Krieg seiner Veranlassung nach auftritt, z. B. als Religionskrieg, Freiheitskrieg, Grenzkrieg, Handelskrieg, Gleichgewichtskrieg, Vereinigungskrieg, Hülfskrieg u. s. w. Wir können aber die speziellen Betrachtungen über dieselben hier übergehen, da die sittlichen Grundzüge auch dieser Kriege, bereits im Gesagten niedergelegt sind, die politischen jedoch nicht hieher gehören.

Ist nach all diesem nun wol die Aussage richtig: „der Krieg sei ein nothwendiges Uebel?" — Vom sittlichen Standpunkte aus erscheint uns der Begriff: eines nothwendigen Uebels, als ein Unding. Da wo der Krieg ein wahres Uebel ist, ist er nie sittlich nothwendig, und da, wo er nothwendig ist, ist er kein wahres Uebel. Wir sehen oft aus sittlichen Kriegen schöne Folgen hervorgehen, und seine Führung selbst nimmt auch die edeleren Kräfte der Völker in jeder Beziehung in Anspruch. Er stählt, er läutert sie, ja er schafft neue Stufen der sittlichen Bildung der Einzelnen, wie der Völker. — Nicht ist hier der Ort, die Poesie des Krieges hervorzuheben, die ja so oft und schön verherrlicht ist! —

Aber soll eine Erscheinung, wie hier die des Krieges eine wahrhaft sittliche, die höhere Natur der Menschheit fördernd sein; so müssen auch alle ihre Elemente wahrhaft sittlich sein. Zu diesen Elementen, nicht aber zu denen der Kriegführung selbst, wenden wir uns nunmehr. Sie erscheinen uns als folgende: der Kriegerstand, die Ehre, der Dienst im engeren Sinne des Wortes, die Disciplin und die Kriegerbildung in ihren verschiedenen Stufen. — Mehr oder weniger liegt jedes dieser Elemente in dem andern schon mit begründet, so wie alle in der Idee des sittlichen Krieges. Aber das ist bei der Untersuchung eines jeden Ganzen der Fall; die Theile sind dem Ganzen gleich wichtig, keiner kann ohne die übrigen genügend erkannt werden, und dennoch ist nur das Ganze zu übersehen, wenn jeder seiner Theile einzeln erkannt ist. — Das Ganze? es ist hier der Krieg, und doch nur in einer Beziehung, der sittlichen, so nahe diese auch verwandt ist mit der technischen Ausbildung. — Letztere ist seit Jahrhunderten bearbeitet; weniger und noch keinesweges erschöpfend sind es die sittlichen Elemente. Und weiter: das Ganze des Krieges ist ja nur ein Theil, ein bestimmter ausnahmsweise eintretender Theil der menschlichen Thätigkeit; und diese — was ist sie in der gesammten Thätigkeit der Natur? — Aber so ist es: jedes wahrhaft gesunde Ganze ist ein Theil des Unendlichen; sobald es anfängt zu kranken, reift es seinem Absterben entgegen. Darum: so lange der sittliche Krieg noch als ein nothwendiger Theil eines größeren Ganzen, nämlich der sittlichen Entwickelung der Menschen erscheint, sei auch jeder seiner Theile gesund. — Der höhere Zustand der menschlichen Gesellschaft ist gewiß der, wo keine Kriege mehr statt finden, wo auch die Streitigkeiten der Völker durch Gesetze beigelegt werden, bis auch diese Streitigkeiten aufhören, und ein gemeinsames Fortschreiten: auf friedlichem Wege dem Ziel der Menschheit sich zu nähern, eintritt!

Aber es scheint, daß dieser sogenannte Zustand des ewigen Friedens — wenn dieser anders ein Friede ist und nicht Kämpfe anderer Art sich erzeugen — noch weit entfernt für die gesammte Menschheit ist! Möchte er nur zunächst für die gesitteten christlichen Völker eintreten! — So lange jedoch der Krieg noch besteht, so kann und soll auch er sich veredeln, und er wird dies, wenn die den Krieg führenden Einzelnen sich veredeln. — Zum Fortschritte der Veredelung der Kriege dienen aber auch die Kriegswissenschaften oder überhaupt die Kriegskunst. Sie sind umfassende Theile der Kriegführung; ihre nähere Betrachtung gehört jedoch hier nicht her. — Sollen auch die Kriegswissenschaften zunächst dazu dienen, den Krieg mit Vortheil zu führen, — ihre tiefere Bedeutung ist dennoch offenbar die: den Krieg immer unzulässiger zu machen. Denn: wer das entschiedene Uebergewicht bei der Kriegführung hat, wird nicht so leicht von einem Andern zum Kriege genöthigt werden; und ist jener Theil auch sittlich überlegen, so wird er erkennen, daß Kriege zu führen nicht der Zweck der Menschheit ist, daher sie vermeiden, so lange dies thunlich ist. Der sittlich Stärkere versucht erst immer die friedliche Ausgleichung, vor der Anwendung der Macht und der Gewalt. — Aber vorbereitet zur nachdrücklichsten Kriegsführung zu sein, ist gegenwärtig noch eine Aufgabe und Pflicht der civilisirten Staaten. — Möchten sie auch in dieser Vorbereitung jede besondere Aufgabe sittlich lösen; — vielleicht daß dann die gegenseitige Steigerung in der Anspannung aller Kräfte zur Kriegführung, dahin führt: daß ein eintretendes Gleichgewicht unter ihnen, jede Kriegführung unmöglich macht, bis jene Kräfte von selbst sich neutralisiren, und auch so wiederum ein sittlicher ewiger Friede entsteht. Denn: unter wahrhaft sittlichen Völkern ist kein Krieg durch Gewalt äußerer Waffen mehr möglich.

III. Ueber den Kriegerstand.

Ist der Staat als eine für die sittliche Entwickelung des Menschengeschlechts unentbehrliche Einrichtung anerkannt; so muß ein Jeder im Staate Lebende, mit seiner sittlichen Kraft sich der Entwickelung des Staates hingeben. Kommt es hierbei vor, wie es ja sein kann, daß in besonderen Fällen der Einzelne in einen Widerspruch geräth mit seiner eigenen Erkenntniß und Ueberzeugung, gegenüber den Forderungen des Staats; so muß es seiner Gesinnung und seinem Gewissen überlassen bleiben, wie er sich mit solchem Widerspruche zu einigen oder abzufinden weiß, stets aber auf die Gefahr hin, daß der Staat ihn für die Folgen der That oder der Unterlassung, den Gesetzen unterwirft. Diese Ansicht hier weiter auszuführen, ist gegen den Zweck dieser Betrachtungen; sie und das Folgende anzuführen, ist jedoch für die späteren Betrachtungen unerläßlich. Den Gesetzen des Staats ist Jeder unterworfen, der in ihm lebt; mag er bei einem Widerstande, den sein Gewissen ihm gebietet, ein Märtyrer seiner Ueberzeugung werden. Durch einen solchen Widerstand eines Einzelnen gegen positive Gesetze, kann der Mangel dieser letztern in bestimmten Fällen erscheinen. Aufgabe des Staats ist es aber, nicht zu ruhen in der Entwickelung und

Vervollkommnung der Gesetze. Treten scheinbar Ruhepunkte hierbei ein, so sind auch diese naturgemäß bedingt. Während der Anwendung der vorhandenen Gesetze, entwickelt sich ihre Veredlung von selbst; ihre Handhabung ist Sache der Obrigkeit. — Aber Individuen, mit allen allgemeinen menschlichen Mängeln behaftet, sind es doch nur, welche die Obrigkeit oder die Regierenden bilden, in deren relativen Gegensatze zu den Gehorchenden oder Regierten: der Staat, das größte menschliche Kunstwerk, allein besteht. — Jedem Einzelnen im Staate ist es aber sittlich geboten, seine Ansichten über den Staat, dessen Gesetze und Einrichtungen frei zu erörtern. —

Diese Ansichten sind es hier, welche uns im Allgemeinen leiten, wenn wir vom größern Ganzen: dem Staate, zu den Theilen desselben: den verschiedenen Ständen, und zwar speziell zu dem Kriegerstande übergehen. — In einem sittlichen Ganzen, wie der Staat es ist, kann nicht Jeder in seiner Einzelheit dem Ganzen in allen Beziehungen dienen; es bilden sich naturgemäß verschiedene Gemeinschaften, um den besonderen Zwecken des Staats zu genügen. Und doch darf und kann wiederum Niemand ausschließlich nur den Zwecken einer einzelnen Gemeinschaft sich widmen; dies würde Isolirungen, wie sie weder sein können noch dürfen, herbeiführen. Der Einzelne dient mittelbar dem Ganzen, indem er einem bestimmten Stande unmittelbar dient; je lebendiger er sich dabei der größeren Gemeinschaft bewußt ist, je höher steht er hinsichtlich seiner bürgerlichen Entwickelung. Isolirte Stände würden zu Kasten herabsinken, welche da, wo die Geschichte sie kennen lehrt, keinen Staat in seiner höheren Idee kund geben. — Somit hat auch kein Stand das Recht, sich für den ersten oder wichtigsten Stand im Staate zu halten; die Stände sind gleich wichtige Glieder des Staats. Nur der Hochmuth, oder unrichtige Ansichten der Verhältnisse, können einen unbedingten Vorzug eines Standes beanspruchen. — Viele Conflicte in welche der Kriegerstand mit anderen Ständen geräth, haben ihren Grund in jener irrigen Ansicht eines ausschließlichen Standesvorzugs, von dem bei den gegenwärtigen sittlichen Verhältnissen, keine Rede mehr sein sollte. — Hiernach entsteht nun auf unserm Gebiet die Frage: Ist ein besonderer Kiegerstand sittlich erlaubt? — Wir sahen in der vorigen Betrachtung, daß der Krieg eine Erscheinung in der gegenwärtigen Entwickelung des Menschengeschlechts ist, die unter bestimmten Bedingungen eine sittliche ist. Alsdann ist der Entwicklung des Staates auch in der Kriegführung, sei es in der Vertheidigung oder im Angriffe, nach Maaßgabe des Bedürfnisses, jeder Einzelne nach seinen Kräften zu dienen verpflichtet; selbst nicht Geschlecht und Alter, geschweige Stand oder wol gar Geburt, kann hier eine Ausnahme begründen; nur durch eine Naturnothwendigkeit kann die Art und das Maaß der Leistungen geschmälert sein, welche der Einzelne der Erhaltung des Staats schuldet. Sehen wir andere Ausnahmen, so sind sie noch als Mängel anzusehen, die natur- und zeitgemäß verschwinden müssen. Viel ist bereits hierin geschehen, viel bleibt noch zu thun übrig; es wäre Thorheit, plötzlich alle bestehende Mängel abschaffen zu wollen. Aber ihrer allmäligen Abstellung muß die Erkenntniß derselben vorausgehen, und dies kann nur durch ihre Darlegung und gemeinsame Untersuchung geschehen. — Es erscheint zunächst naturgemäß, daß zum Kriege nur das männliche Geschlecht unmittelbar wirkt, während eine mittelbare Wirkung auch dem andern Geschlechte ziemt; auf welche Art? ist leicht zu erkennen, gehört jedoch näher zu bestimmen nicht hierher. — Von der unmittelbaren Mitwirkung der männlichen Bevölkerung zum Kriege, sind zunächst auszuschließen: alle dazu körperlich Unfähige (Kinder, Kranke, Blödsinnige u. s. w.). Aber von den zum Kriege Brauchbaren, ist auch zunächst nur ein dem Bedürfniß des jedesmaligen Krieges entsprechender Theil zu verwenden, also vorläufig solche Einzelne auszusondern, welche der während des Krieges fortzusetzenden Staatsverwaltung, so wie der Erzeugung der nothwendigsten Bedürfnisse, zunächst noch unentbehrlich sind, bis auch diese, wenn das Bedürfniß es erfordert, nach und nach zum Kriegsdienste heran zu ziehen sind. — Wenn hiernach ein Einzelner (oder eine größere Gemeinschaft) zur Zeit des Aufrufs zum Kriegsdienste, aus Gewissensrücksichten den Kriegsdienst meint ablehnen zu müssen, so ist die Lage eines solchen bereits besprochen. Wenn aber schon in Friedenszeiten aus Religionsrücksichten (Menoniten, Quäcker) Einzelne oder ganze Gemeinschaften, sich im Voraus vom Waffendienste lossagen; so ist es eine vielleicht nicht zu billigende Nachsicht des Staats, wenn er Jene als Staatsbürger überhaupt anerkennt; sie aber zum Dienste zwingen zu wollen, erscheint eben so wenig sittlich als politisch richtig. — Bedenken denn übrigens solche Religionssekten nicht, daß sie doch **mittelbar** zur Vorbereitung und Führung des Krieges mitwirken? und kann dies erlaubter sein, als die unmittelbare Theilnahme? Menschenleben zu vernichten, ist, wie erwähnt, nicht der **Zweck** des sittlich erlaubten Krieges, und daß das Preisgeben des eigenen Lebens da, wo es möglicherweise gefährdet wird, nicht unchristlich oder unsittlich ist, im Gegentheil in vielen Fällen sogar geboten ist, bedarf keiner Erinnerung. Auch sind Gewerbe genug vorhanden, bei welchen die Gesundheit und das Leben viel mehr als im Kriege in Gefahr ist.

Aber die Bedürfnisse eines Krieges sind nicht im Voraus zu bestimmen; mit der Pflicht eines jeden Staatsbürgers zum Waffendienste, ist die Verpflichtung zur Vorbereitung zu diesem Dienste gegeben. Bei allen Geschäften des Friedens läßt sich das Bedürfniß der dazu erforderlichen Personen im Allgemeinen festsetzen; aber schon außergewöhnliche Fälle, wie öffentliches Unglück durch Natur-Ereignisse und dergl. m. nimmt außerordentliche, und wenn es erfordert wird, die Kräfte Aller in Anspruch. Nun ist der Krieg ein außerordentliches Ereigniß, daher auch für gewöhnlich nicht ein Jeder sich mit den mannigfaltigen Geschäften, welche die Kriegführung verlangt, dauernd beschäftigen kann; auch ist dies zur Kriegführung gar nicht erforderlich; dies ist nur für Einige unerläßlich. Die zum Waffendienste geeigneten Staatsbürger, theilen sich hiernach in solche, welche, nachdem sie den in den unteren Verhältnissen hinreichenden Dienst erlernt haben, wieder zu ihren bürgerlichen Geschäften zurück treten, und sich bereit halten, der Aufforderung zum Dienste im Kriege zu folgen, so lange die vom Staate bestimmte Verpflichtungszeit, nebst allem, was hiermit noch Bedingendes zusammenhängt, währt. (Landwehr.) Die Zeit für jene Diensterlernung zu bestimmen, ist Sache des Dienstes und der Bestimmungen von Seiten des Staats. Ein anderer Theil der Staatsbürger, den Neigung oder Verhältnisse dazu bestimmen, hat sich hingegen mit der Ausbildung der Mannschaft zum Kriege, so wie mit der eigenen Fortbildung für die Führung des Krieges zu beschäftigen; sie machen diese Beschäftigung zu ihrem Beruf und bilden den eigentlichen Krieger- oder Soldatenstand, welcher für die gegenwärtigen Verhältnisse der Möglichkeit der Kriege, unerläßlich ist. Zwischen letztere beide Klassen der Staatsbürger, wir wollen sie die Gemeinen und die Offiziere benennen, muß noch eine Klasse eingeschaltet werden, die zwar länger, als nur zur eigenen Ausbildung nöthig ist, dienen, sich aber, mit geringer Ausnahme, nicht als dauerndem Lebensberufe dem Dienste widmen wollen. Diese, bei dem gegenwärtigen Zustande der Ausbildung zum Kriegsdienste unentbehrliche Klasse, die eigentlichen Gehülfen der Offiziere für die Ausbildung der Gemeinen zum Waffendienste ist die Klasse der Unteroffiziere. Diese Staatsbürger bilden gemeinschaftlich: das stehende Heer.

Bleiben wir zunächst bei diesen drei Klassen stehen, ohne noch die zu dem Kriegesdienst unentbehrlichen Beamten verschiedener Klassen zu betrachten; so ist deutlich, wie keine strenge Trennung unter ihnen stattfinden darf. Während jeder Staatsbürger im Allgemeinen nur zu jeder höhern Stellung im Staatsdienste befähigt ist, wenn er von Unten auf gedient hat, muß auch Jeder die höchsten Stellen erreichen können, sobald er sich dazu eignet. — Das Nähere hierüber bleibt der späteren Betrachtung der eigentlichen Bildung der Krieger überlassen.

Wer seine Zeit und Thätigkeit einem bestimmten Berufe widmet, hat Ansprüche auf Lohn, zunächst für die Zeit seines Dienstes. Der Sold ist also sittlich nicht nur erlaubt, sondern geboten; selbst die freiwillige Verzichtleistung auf Gehalt, darf der Staat nur unter bedingten Umständen von den Staatsdienern annehmen. — Die, nur für die Zeit der Erlernung des Waffendienstes Dienenden, sind in jeder Beziehung während der Dienstzeit zu unterhalten; aber ihre Besoldung kann die möglichst geringste sein. Für die sich ganz dem Dienste Widmenden, muß der Sold der möglichst höchste sein. Mögen immerhin diese Grenzen schwer zu bestimmen und noch Manches dabei zu beachten sein, — der Erfolg wird sich doch bei näherer Untersuchung anders stellen, als es gegenwärtig wol in allen Heeren der Fall ist. Zunächst ist in Uebereinstimmung zu bringen: die Höhe des stehenden Heeres und die Mittel des Staats zur Besoldung. Aber der Staat hat die Mittel herbei zu schaffen nach dem Bedürfniß der Ausgaben. Während der Privatmann als solcher, überwiegend seine Ausgaben nach seinen Einnahmen zu regeln hat, hat der Staat überwiegend seine Einnahmen nach seinen Ausgaben zu bestimmen. Wir sagen: überwiegend, denn der Privatmann wird seine Einnahmen zu vermehren suchen nach dem Bedürfniß seiner Ausgaben, und der Staat wird seine Ausgaben regeln müssen nach den möglich zu machenden Einnahmen. Wenn also eines Theils der Staat die als nothwendig erkannte Höhe der Besoldung herbei zu schaffen hat; so hat er andererseits die Größe des stehenden Heeres, auch aus Rücksicht der Besoldung möglichst zu vermindern. Daß diese Höhe bei den meisten civilisirten Staaten eine zu bedeutende ist, möchte leicht nachzuweisen sein, während eine Verringerung einseitig von einem Staate vorgenommen, als unpolitisch erscheint. — Die billige Anforderung würde in dieser Rücksicht zufrieden gestellt sein, wenn Unterhandlungen über die Verminderungen der stehenden Heere im Werke wären. Die Meinung: daß gewisse Staaten sogenannte Militairstaaten seien und hiernach starke stehende Heere halten müßten, ist wenig haltbar, würde uns aber hier weiter zu verfolgen, ganz auf das politische Gebiet führen. — Daß die Besoldung der Gemeinen gegenwärtig wohl so niedrig als möglich ist, wird leicht zugegeben werden;

daß aber die Besoldung der Offiziere vom sittlichen Standpunkte aus nicht die richtige ist, behaupten wir. Für den jungen Offizier möchte sie genügend sein; für die höheren Offiziere ist sie aber zu hoch, im Verhältniß mit dem größten Theil der Subaltern-Offiziere; für diese ist sie auch an sich zu geringe, und doch schließen mit diesem Grade die meisten Offiziere ihre Dienstzeit ab. Wir wollen dies näher begründen, da die Höhe der Besoldung der Offiziere, unmittelbar mit den sittlichen Elementen des Offizier- wie des ganzen Kriegerstandes zusammenhängt.

Kein Verhältniß kann als ein wahrhaft sittliches anerkannt werden, in welchem, sei es mehr oder weniger klar ausgesprochen, auch nur ein unsittliches Verhältniß, zur Regel werden kann. Wir meinen hier zunächst das, mit der niedrigen Besoldung unmittelbar zusammenhängende unfreiwillige Cölibat so vieler Offiziere. — Ist die Ehe der Grundpfeiler aller wahrhaft sittlich-menschlichen Verhältnisse; ist sie der Grund, auf dem vor Allem das wahre Glück der Einzelnen wie der Staaten und der ganzen menschlichen Gesellschaft beruht; so muß auch Jedem die Aussicht zur zeitgemäßen Schließung der Ehe gegeben sein. Der Gewerbtreibende kann sich die Mittel dazu verschaffen, oder sich seinen Umständen gemäß einrichten und beschränken; nicht so der Staatsdiener, also auch der Offizier, der seine Kräfte und Zeit ganz dem Dienste zu widmen hat, und im Allgemeinen nichts nebenbei erwerben kann. Wolhabend genug, um aus eigenen Mitteln einen Hausstand unterhalten zu können, sind wenige Offiziere; nur nach Reichthum Seitens des andern Theils zu heirathen, ist der höheren Ansicht der Ehe zuwider, also unsittlich. Die wenigen Gelegenheiten eines angemessenen erlaubten Nebenverdienstes der Offiziere,

z. B. Schriftstellerrei und Privatunterricht unter gewissen Bedingungen zu ertheilen, stehen nicht jedem Offizier zu Gebot und sind für ihn nur geringe Quellen des Geldverdienstes. — Es erscheint hiernach als sittliches Erforderniß, den Gereiften, unter den sonst noch zu stellenden Bedingungen, die Möglichkeit und Zulässigkeit der Verheirathung durch höheren Sold zu gewähren, welcher sich billigerweise ebenso nach der Dienstzeit als nach der Charge richten sollte, so daß selbst möglicherweise ein Offizier von geringerem Grade einen größeren Sold, als ein höherer Offizier ziehen könnte. Letzterer, wenn er unverheirathet ist, kann sich sehr wol mit geringerem Gehalte begnügen, als der mit ihm im Dienstalter und Charge gleichstehende Verheirathete; ja, es müßte selbst auf die Familien, sei es unter dem Titel einer Zulage, von Erziehungsgeldern oder sonst wie, Rücksicht genommen werden. Eine große Aenderung des gegenwärtigen Etats würde freilich hierdurch eintreten müssen, aber sie zu bewirken kann nicht schwer fallen, oder hier als ein wesentliches Hinderniß gelten. Nur ein Beispiel. Ein unverheiratheter kinderloser Staabsoffizier, kann sehr füglich von 1000 Thlr. leben, die man einem Lieutenant, der vielleicht schon 25 Jahr gedient und Familie hat, auch geben sollte; denn wahrlich, das schlechte Avancement ist nicht seine (auch vielleicht keines Andern) Schuld; er hat sittlich gleiche Ansprüche mit dem höheren, ihm an Bildung gleichstehenden Offizier, und das untergeordnete Verhältniß mit seinen Schattenseiten ist schon schwierig genug, so lange zu tragen. Verlängerte Dienstzeit ist eines erhöhten Lohnes würdig. — Was die hiernach erforderliche Besoldung der Unteroffiziere betrifft, so ergiebt sich diese im Allgemeinen aus ihrem Verhältniß und dem über die Besoldung der Offiziere Gesagtem, ohne daß hier schon näher darauf einzugehen nöthig wäre. — Statt einer Erhöhung des ganzen Sold-Etats bei den erwähnten Berücksichtigungen, würde sich vielleicht sogar eine Verringerung herausstellen; doch diese kommt weniger in Betracht, wenn die Sittlichkeit im Ganzen, so wie das Lebensglück Vieler, und hierdurch zugleich die so nöthige Lust zum Dienen erhöht würde; zumal noch andere leicht nachzuweisende Ersparnisse gemacht werden können.

Wir hören schon viele der geehrten Leser einen scheinbar wichtigen Einwand gegen unsere bestimmte Ansicht: die Beförderung, oder doch mindestens keine unnöthige Erschwerung der Verheirathung der Offiziere betreffend, machen, obgleich die Förderung der Sittlichkeit unter den Offizieren hierdurch, nicht geleugnet wird. — Man meint nämlich: ein verheiratheter Offizier, zumal wenn er Familie habe, sei für den Kriegsdienst schwerfälliger als ein Unverheiratheter, ja man hält ihn wol gar für unbrauchbarer zu jenem Dienste. Wenn nun auch die meisten der höheren Offiziere, die doch verheirathet sind, solches Urtheil durch die That widerlegen; so meinen wir: je mehr Einer ganz Mensch im edelsten Sinne des Worts ist, — und das kann er nicht sein, wenn er unverheirathet bleibt — je mehr wird er auch ein tüchtiger Krieger sein. — Daß verheirathete Offiziere wegen ihrer Häuslichkeit, im Frieden weniger für die kriegerische Ausbildung der Soldaten wahrhaft wirken sollten als Unverheirathete, muß sofort geleugnet werden, und ist auch wol noch nicht behauptet, während Klagen vom Gegentheil gehört werden. — Die eigene Häuslichkeit giebt den älteren Offizieren mehr Gelegenheit, wenn sie nur in rechter Art benutzt wird, auf die jüngeren Offiziere heilsamer zu wirken, als es durch das Zusammensein beim Ressourcen-Leben geschieht. — Auch hat man wol nicht viele Beispiele, daß gerade unverheirathete höhere Offiziere, Bedeutenderes zur sittlichen Bildung der jüngeren Offiziere gewirkt hätten, als Verheirathete. — Weßhalb aber ein verheiratheter Offizier für den Kriegsdienst ungeeigneter sein sollte, ist vollens nicht abzusehen, da ja die Familie ihn in der Wirksamkeit im Kriege nicht stört; im Gegentheil ist anzunehmen, daß derjenige, welcher beim Ausbruche eines Krieges das Theuerste zurückläßt, auch am meisten für dessen Vertheidigung leisten wird. Auch ist größere Verwöhnung des Verheiratheten nicht anzunehmen. Zur eigenen Schonung vor dem Feinde, hat der Verheirathete aber nicht mehr Gelegenheit als jeder Andere; und wehe ihm um so mehr, wenn er sich hier seiner Pflicht entzieht. — Man hört ferner sagen: wenn der verheirathete Offizier vor dem Feinde sein Leben verliert, so falle seine Familie dem Staate zur Last. Daß der Offizier bei Zeiten für seine dereinstige Wittwe nach Möglichkeit selbst zu sorgen hat, ist gewiß Pflicht, und geschieht dies durch das dargebotene Mittel der Wittwenkasse, deren nähere Einrichtung und zulässige zweckmäßige Aenderungen zu beleuchten, hier nicht her gehört. Was aber die Kinder des im Kriege gebliebenen Offiziers anbetrifft, so hat der Staat bei Vermögenslosigkeit der Hinterbliebenen, allerdings die sittliche Verpflichtung, helfend einzuschreiten; das ergiebt sich schon aus der Pflicht der Dankbarkeit. Aber auch bei Lebzeiten des Vaters erkennen wir unter geeigneten Bedingungen jene Verpflichtung. Was die größeren Ausgaben hierbei anbelangt, so können sie keinen genügenden Einwand geben, um die Verheirathung der Offiziere zu beschränken.

Schwieriger ist es bei Versetzungen der Verheiratheten; theils sind sie im Allgemeinen dann wirklich schwerfälliger durch die mitziehende Familie, theils durch die dann nöthige Auflösung vieler Familien-Verhältnisse, namentlich auch darin, was die Erziehung der Kinder betrifft. Aber mit der Versetzung der verheiratheten so wie der höheren Offiziere, muß mäßig verfahren werden, wenn auch nicht allein um bedeutende Ausgaben zu ersparen. Gewisse Versetzungen sind heilsam und oft nothwendig; aber nicht selten zerreißen sie höhere Verhältnisse, namentlich auch das Band inniger Kameradschaft, so wie der nöthigen gegenseitigen Bekanntschaft unter Vorgesetzten und Untergebenen. Jüngere Offiziere sollten dagegen öfter versetzt werden, auch damit sie zur eigenen Bildung andere Menschen, Verhältnisse und Lokalitäten kennen lernen; noch ganz abgesehen von anderen Vortheilen für den Dienst. Was aber die periodische Versetzung oder den Wechsel der Garnisonen aller Truppentheile betrifft, so können wir uns nur überwiegend gegen sie erklären. Den Gemeinen hierdurch beweglicher zu machen, wird bei seiner kürzeren Dienstzeit doch nicht erreicht, und was die Beförderung der Beweglichkeit der Offiziere hierdurch anbetrifft, so liegt die Entgegnung im so eben Gesagtem. Auch die bürgerlichen Verhältnisse, die bei ganzem Garnisonwechsel zerrissen werden, sind nicht so unbedeutend in Anschlag zu bringen. Von einem sogenannten Einbürgern oder gar Verbauern, kann wol kaum noch bei einem wahrhaft sittlichen Zustande, zumal solcher Heere, die nur aus Landeskindern bestehen, die Rede sein. Wir kommen auch hierauf später noch zurück. — Endlich sollte man bei beabsichtigten Versetzungen, auch die Wünsche der Einzelnen möglichst berücksichtigen, wie es ohne Nachtheile bei Civilpersonen im Staatsdienste, in der Regel geschieht. Niemand wird hierdurch berechtigt, vorkommenden Falls dem Befehle zur

Versetzung nicht sofort nachzukommen. Mehreres was sich über diesen Gegenstand noch sagen ließe, muß hier übergangen werden.

Es ist allgemein üblich, den eintretenden Krieger durch einen Eid zum Dienste zu verpflichten. Wir können diesen Gebrauch den sittlichen Anforderungen nicht als angemessen erkennen. Ohne hier in eine tiefere Untersuchung über die Sittlichkeit des Eides im Allgemeinen einzugehen, würden auch wir zu dem Resultate gelangen: daß der Eid, durch welchen ein Zeuge seine Aussage bekräftigt, als zulässig anzuerkennen ist, wobei auf die Dringlichkeit des besonderen Falles wol zu achten ist. Ueber die Form solches Eides, gehört das Nähere wiederum nicht hierher. Aber nie sollte ein Gelübde durch einen Eid bekräftigt werden, denn Niemand kann sittlich sich unter allen Umständen unbedingt für die Zukunft durch einen Eid verbürgen; er darf es daher auch nicht. Und nun gar, wenn der Eid abgenöthigt wird! und dies ist doch bei der Verpflichtung zum Kriegsdienst in den allermeisten Fällen bei den Gemeinen, der Fall. Wie nun aber, wenn noch obenein auf die Kriegsgesetze vereidigt wird, die, wenn sie auch vorher vorgelesen werden, dennoch hierdurch nimmermehr verstanden und aufgefaßt werden können. — Auch wird der Soldat, welcher entläuft, nicht als ein Meineidiger angesehen und bestraft. Gewisse entehrende Folgen, als Strafe für den Entlaufenden, sollten längst gesetzlich abgeschafft werden; sie treffen schwerer die Familie als den zu Bestrafenden. — Die Abschaffung der Eidesleistung beim Eintritt, würde wahrlich keinen wesentlichen Nachtheil erzeugen. Der Eid hält in der That Wenige ab, zu entlaufen; und wenig liegt am Dienste dessen, welcher nur des geleisteten Eides wegen nicht entläuft. Da wo die

Krieger Landeskinder sind und das Dienen im Heere nur den Würdigen gestattet wird, bedarf es in der That keiner Vereidigung. Der Pflichtvergessene welcher entläuft, könnte selbst strenger, als es üblich ist, bestraft werden, und die Folgen seines Vergehens sogar noch auf sein künftig bürgerliches Leben einwirken. Dies Alles müßte dem Krieger schon vor dem Eintreten, ja selbst schon in der Schule gelehrt werden. — Aber auch bei Jenen, die freiwillig länger dienen, also für die Offiziere und Unteroffiziere, ist eine Vereidigung aus jenen Gründen nicht sittlich gerechtfertigt, wenn sich auch das Gehässige des Zwanges so wie die Unkenntniß des Gesetzes, hier nicht mehr findet. Wir kommen später auch hierauf zurück. Ausländer sollten nur in den seltensten Ausnahmen, und dann nur als Offiziere in den Kriegsdienst genommen werden; selbst für diese ist die Vereidigung nicht streng sittlich zu rechtfertigen. Was aber gar die oft besprochene Vereidigung der Krieger in Staaten, wo eine Konstitution besteht, auf letztere betrifft; so ist sie außer den genannten sittlichen Gründen gegen den Gelübdeeid überhaupt, noch besonders deshalb zu verwerfen, weil hierdurch leicht Verwirrungen im Heere erzeugt werden können, wo doch solche am wenigsten zulässig sind.

Der Kriegerstand hat aber auch während der Friedenszeit zum Wohl des Staats die Verpflichtung, als bewaffnete Macht oder als Gewalt da aufzutreten, wo die Obrigkeit dieses Einschreiten als gesetzlich bedingt, fordert. Wie stark hiernach das Heer sein muß, wird seinen Maaßstab in der Sittlichkeit des Volkes finden. Die Meinung: als diene das Heer zum besonderen Schutze der Obrigkeit oder gar des Thrones, kann wol kaum noch da geäußert werden, wo bereits eine höhere Ansicht vom Staate vorhanden ist und das Heer aus Landeskindern besteht. —

Der längere Zeit freiwillig dienende Krieger, hat im Allgemeinen keine Gelegenheit für spätere Zeiten zu sparen, und dies würde um so weniger bei den höheren Chargen der Fall sein, wenn für die Besoldung die vorhin genannten Grundzüge als richtig anerkannt werden. Es tritt daher die Verpflichtung des Staats ein, den Krieger auf sein Verlangen nicht nur im Alter aus dem Dienste zu entlassen, sondern auch, unter bestimmten Bedingungen ihm für das fernere Leben einen angemessenen Unterhalt zu gewähren. Für den durch Alter oder durch den Dienst zum Invaliden gewordenen Krieger, ist jene Verpflichtung auch nie geleugnet; nur müßte auch hier mehr analog den vorhin genannten Grundzügen der Besoldung, verfahren werden. Die Bezeichnung: Gnadengehalt (Gnadenthaler) sollte nie vorkommen da, wo doch redlich verdient ist. — Aber die Entscheidung: ob Jemand Invalide ist, müßte ihm auf sein Verlangen ganz allein überlassen bleiben, wie dies bei den höchsten Offizierchargen auch der Fall ist. Die übliche Art, dürfte als keine vertrauende anerkannt werden, indem die Behörde, wenn auch nur stillschweigend, hierbei Mißtrauen in die Aussagen des Einzelnen setzt. Wo aber dem Menschen Mangel an Vertrauen gezeigt wird, da ist es tief in seiner Natur begründet, daß er die Neigung hat, auch nicht offen zu handeln, und es entsteht eine Art kleiner Krieg, wo die List eine Rolle spielt, die in streng sittlichen Zuständen nicht zulässig ist. Wo offenes Vertrauen geschenkt wird, da wird die öffentliche Meinung Denjenigen zu bezeichnen wissen, der das Vertrauen mißbraucht, und es bliebe immer noch der gesetzliche Weg, wie es in anderen Fällen geschieht, bei wirklich als Mißbrauch bezeichneten Fällen, eine Untersuchung einzuleiten. Wer sich nicht selbst als invalide bezeichnen wollte, könnte sich freiwillig einer Untersuchung und Anerkennung unterwerfen. Manchem Uebel würde durch die Verwirklichung dieser zwei Ansichten, nämlich: über die Art der anzuerkennenden Invalidität so wie über die Höhe der Pension, abgeholfen werden. — Aber auch der Krieger, welcher nicht invalide wäre und doch aus dem Dienst ausscheiden wollte, sollte, wenn er eine bestimmte Dienstzeit beendigt hat, mit Pension entlassen werden, welche dann ein gesetzlich bestimmter Theil der sonstigen Invaliden-Pension sein müßte. Es versteht sich, daß Kriegszeiten oder außerordentliche Fälle, auszunehmen wären. — Für geeignete Stellen, ist die Civil-Anstellung oder auch die hiervon noch etwas verschiedene sogenannte Versorgung, für gediente Krieger als vortheilhaft auch für den Staat zu betrachten, mögen die Anzustellenden Invaliden sein oder nicht. Abgesehen von der Ersparniß an der Pension in den meisten Fällen, ist die Aussicht auf solche Civil-Anstellung oder Versorgung, ein Reiz zum längeren freiwilligen Verweilen im Dienste, gegen dessen Beförderung sich vom sittlichen Standpunkte aus nichts sagen läßt. Mehr als die erwähnte Geldersparniß, ist aber die durch den Kriegsdienst für die bürgerlichen Lebensverhältnisse erworbene Tüchtigkeit in gar vielen Dingen, werth; die Ordnungsgewohnheit, die Pünktlichkeit, die Genügsamkeit, der Gehorsam und die Selbstverleugnung in sittlich erlaubten Grenzen, sind außer manchen technischen Geschicklichkeiten, in allen Lebensverhältnissen sehr erwünscht.

Ueber die unfreiwillige Entlassung aus dem Kriegsdienst, wenn sie nicht Folge einer gesetzlichen Strafe ist, sind verschiedene Ansichten vom sittlichen Standpunkte aus vorhanden. Ist sie Folge eines gesetzlichen Urtheils für ein Vergehen, so kommen wir später in den Betrachtungen über die Disciplin darauf zurück. — Was die unfreiwillige Entlassung ohne richterliches Urtheil, beim Offizier betrifft; so muß das Staatsoberhaupt, und dies allein, sie zu verfügen nicht nur die Macht, sondern auch das Recht haben. Da aber jedes Recht nur sittlich innerhalb bestimmter Grenzen auszuüben ist, so müssen auch hier allgemeine Bestimmungen vorhanden sein. Ganz besondere Fälle, rechtfertigen besondere Aussprüche. — Uns erscheinen hier folgende Grundzüge als sittlich bedingt. Jeder auf die zuletzt erwähnte Weise Entlassene, muß die Gründe seiner Entlassung schriftlich angegeben erhalten, und von ihrer Veröffentlichung Gebrauch zu machen berechtigt sein; dies ist man gewiß selbst einem gesetzlich Bestraften schuldig. Wer unter solchen Umständen, ohne sich dazu gemeldet zu haben, als anerkannter Invalide entlassen wird; erhält, wie sich von selbst versteht, die ihm zustehende Invaliden-Pension. Auf diese volle Pension müßte aber auch Derjenige Anspruch haben, welcher, ohne Invalide zu sein, nach vorwurfsfreiem Dienen nicht mehr tauglich zum Dienste befunden wird. Mit einem bestimmten Theil dieser Pension ist Der zu entlassen, dessen Dienst man nicht mehr für geeignet hält, selbst unter Umständen, deren Veröffentlichung nicht als geeignet erscheint, was ohne Zweifel dann sittlich erlaubt ist, wenn der Betroffene auf Angabe der Gründe Verzicht leistet. Hierbei können auch Fälle eintreten, wo der Entlassene selbst jedem Anspruch auf Pension entsagt.

Wir machen der Ansprüche viele an einen Offizier, wie auch die späteren Betrachtungen (Abschnitt 8 und 9) noch zeigen werden. Bei strenger Erfüllung derselben, zehren seine Kräfte gewiß schneller auf, als bei den Leistungen anderer Beamten; wenige Fälle ausgenommen. Die zum Dienste durchaus erforderliche Rüstigkeit, hat im Durchschnitt in gewissen Jahren ihr Ziel erreicht. Hochgestellte Offiziere haben das 60ste Jahr hiefür angegeben; Ausnahmen giebt es überall, aber die Sache ist wol zu beachten. Wenn mit gewissen Jahren, seien es Lebens- oder Dienstjahre, oder eine Verknüpfung beider, jeder Offizier mit bestimmter Pension den Dienst verlassen dürfte, ohne Angabe eines bestimmten Grundes von seiner Seite; — gewiß, Viele würden es sich zur Pflicht und zur Gewissenssache machen, alsdann aus dem Dienste zu scheiden. Sie könnten dann oft noch den Lebensabend heiter verleben, ja selbst nützlich wirken in anderen freiwillig übernommenen Verhältnissen, zu denen sich gewesene Offiziere besonders eignen, zu welchen sie sogar gesucht werden. Aber es würde hierdurch auch das, oft sehr stockende Avancement (hierüber im Abschnitte 9 das Nähere), das seine sehr wesentlichen Nachtheile hat, mehr aufhören. Wir glauben, bei gehöriger Beachtung des Gesagten, würde selbst die Pensionskasse unter jenen Bestimmungen nicht wesentlich leiden, zumal auch die sehr bedeutende Pension der höheren Offiziere, zum Vortheile der in niederen Chargen Ausscheidenden, wol ermäßigt werden könnte. — In wiefern diese Ansichten auch auf die Unteroffizierklasse anzuwenden und auszuführen sind, ist im Allgemeinen deutlich; doch müssen wir sie hier schon näher zu besprechen übergehen. (Siehe den 7ten Abschnitt.)

IV. Ueber die Ehre.

Es kann in diesen Betrachtungen nicht erwartet werden, daß eine Theorie aller sittlichen Eigenschaften, welche die Gesinnung bedingen, gegeben werde; nur solche Fertigkeiten und Eigenschaften, deren Erwerbung in besonderer Vollendung dem Kriegerstande eigen sein müssen, können hier vorgeführt werden. — Haben wir nun auch früher schon geäußert: daß jeder besondere Stand nur in dem Maaße auch *seiner* höheren Vollendung entgegenschreiten kann, als er zugleich den sittlichen Bedingungen entspricht, die für alle Menschen dieselben sind; so hat doch wiederum jeder Stand, wie in äußerer Beziehung verschiedene Fertigkeiten, so auch in geistiger Hinsicht verschiedene Grade von Ausbildung nöthig. Beispiele hierfür ließen sich in Menge anführen. —

Wir wenden uns nach diesen einleitenden Worten, zur Betrachtung der *Ehre*. — Wie mannigfaltig sehen wir noch häufig, selbst von denen die dem Kriegerstande angehören, den Begriff der Ehre aufgefaßt, und welchen verschiedenen Deutungen wird er unterworfen! Die Ehre aber ist ein *Gefühl*, das wol zu einer höheren Ausbildung gelangen, aber auch gar leicht die erlaubten Grenzen überschreiten, und dann geradezu unsittlich werden kann. — Ein Gefühl als solches läßt sich nun zwar nicht erklären, wol aber seine Bedeutung so begrenzen und umschreiben, daß es seinem Wesen nach von andern Gefühlen unterschieden werden kann. Wir erklären das Ehrgefühl: Als das Gefühl für den Werth, den der Mensch auf die Meinung anderer Menschen über den Grad der erlangten eigenen sittlichen Bildung, legt. — Daß Niemand, der in einer Gemeinschaft zu handeln berufen ist — und wer wäre dies nicht? — ganz ohne jenes Gefühl sein darf, ist deutlich; denn auf jener Meinung über den Grad unserer sittlichen Bildung, beruht das Maaß des Vertrauens, das uns für unsere Wirksamkeit geschenkt wird. Ohne dies Vertrauen aber ist keine gegenseitige Förderung sittlicher Zwecke möglich. — Hiernach ist das Ehrgefühl in seiner Reinheit, gleich weit entfernt von der leeren Eitelkeit als Quelle der Selbstsucht, wie auch vom Ehrgeiz als überspanntem, ungebändigtem Reiz, nicht des wahren Ehrgefühls, sondern wiederum der Eitelkeit. — Ehre besitzt hiernach derjenige, dem die Anerkennung seines Ehrgefühls zu Theil wird. Wie weit die Ausbildung des Ehrgefühls im Einzelnen gelangt, hängt wiederum von seiner ganzen Persönlichkeit ab. Aber als Gefühl ist es nur dann der thierischen Sphäre, dem Instinkte, enthoben, wenn es auch mit Selbstbewußtsein waltet, und es ist erst dann zum sittlichen Gefühle erhoben, wenn auch die Besonnenheit nie fehlt, sobald es sich geltend macht.

Das Ehrgefühl kann verletzt werden durch Aeußerungen, seien es Worte oder Thaten Anderer, sobald uns zugemuthet wird, daß wir: entweder jenen Werth auf die Meinung Anderer über unsern sittlichen Standpunkt nicht wirklich anerkennen, oder ihn nicht anerkennen sollen. Solche Zumuthung ist die Natur einer Beleidigung; im letzteren Falle kann sie bis zur Beschimpfung gehen.

Die Verletzung oder Störung des Ehrgefühls, kann beim Beleidigten ohne Aufnahme oder nur vorübergehend sein, sobald er dem Beleidiger selbst kein Ehrgefühl zuschreibt. Sie würde andererseits in eine, hier unsittliche Gleichgültigkeit übergehen, wenn da, wo dem Beleidiger Ehrgefühl zugetraut wird, Nichts zur Herstellung des verletzten Ehrgefühls geschieht, indem dann die Meinung bei Andern erzeugt würde: daß beim Beleidigten kein Ehrgefühl vorhanden wäre. Die bestimmte Beschuldigung einer Thatsache, ist nicht mit einer Beleidigung zu verwechseln. Eine solche Beschuldigung muß bewiesen werden; gelingt dies nicht, so muß eine gesetzliche strenge Strafe gegen den Beschuldiger eintreten, die unter Umständen mit seiner Entfernung aus der Gemeinschaft noch obenein zu verbinden ist, wenn er nicht die, durch die Gemeinschaft zu bestimmende sittlich nothwendige Genugthuung, dem mit Unrecht Beschuldigten öffentlich giebt.

Daß die Herstellung der verletzten Ehre, nur auf sittlichem Wege geschehen darf; ist für sich deutlich. — Unerlaubt sind daher die Wege, welche entweder als lasterhaft anerkannt werden müssen, wie z. B. durch Rache, so wie solche Wege, welche als leer oder als bloße Formen, auch nicht den Zweifel an einen Mangel des Ehrgefühls tilgen können. — Eine gegenseitige Verständigung durch Aufklärung und Erkenntniß des vorliegenden Falls, ist der nächste sittliche Weg zur nothwendigen Ausgleichung. — In Fällen, wenn keine gegenseitige Verständigung zu Stande kommt, muß die größere Gemeinschaft, durch welche die Ehre ja erst zur Anerkennung kommt, entscheiden. Dies sind die Ehrengerichte, denen Jeder, ohne Ausnahme des Ranges, sich zu unterwerfen hat; denn der Rang bedingt nicht die Ehre. — Ueber die Bildung und näheren Rechte solcher Gerichte, gehört das Spezielle nicht hierher; ihr Bestehen deutet aber auf einen sittlichen Standpunkt der Gemeinschaft, und sie haben schon manchen schönen Erfolg gezeigt. — Der Zweikampf erscheint als unsittlich; denn bei unbefangener Ansicht, kann unmöglich durch ihn die Wiederherstellung des verletzten Ehrgefühls herbeigeführt werden, da ihm ja die Anerkennung und Heilung jener Verletzung nicht nothwendig folgt, bei vorhergegangener Ehrenerklärung aber, der Zweikampf nicht mehr nöthig ist. In seiner ganzen Art trägt er das Gepräge der unsittlichen Rache, oder das Unsittliche des sich selbst Rechtnehmens. Ihn, seinem ältesten Herkommen nach, noch für ein Gottesurtheil anzusehen; ist längst als ein Wahn erkannt! Der Beleidiger kann eben sowol als Sieger (wenn dieser Ausdruck hier erlaubt erscheint) wie als Besiegter aus dem Zweikampfe hervorgehen; das Unheil, welches er oft anrichtet, ist selten oder gar nicht wieder gut zu machen; und was den persönlichen Muth, den er beweisen soll, anbetrifft, so ist dieser bei geeigneteren Veranlassungen zu beweisen; ja, es ist keine Frage, daß ein größerer Muth dazu gehört, sich bei anerkanntem Unrechte des Zweikampfs allen Folgen, die bei den noch vielfach üblichen gegenwärtigen Ansichten über ihn herrschen, zu unterwerfen, als zu ihm zu schreiten. — Die Ansicht von dem Unrechte des Zweikampfs, ist unter den gesitteten Völkern auch überwiegend jetzt die herrschende, oder doch die Ueberzeugung hiervon leicht zu gewinnen. — Man hört auch sagen: Es giebt Veranlassungen zu Störungen und Beleidigungen, bei denen das Gesetz und der äußere Richter nicht einschreiten und das Unrecht wieder gut machen können. Das geben wir im vollstem Maaße zu; nicht aber, daß es Fälle geben könnte, wo das Sittengesetz und der innere Richter — den, wenn die persönliche sittliche Ausgleichung nicht zu Stande kommt, das Ehrengericht vertritt —

nicht sollten heilen können! Aber die Furcht vor den Folgen, wenn man den Zweikampf versagt, wird von Vielen noch gescheut. Diese Folgen erkennen wir für einen, hierin noch nicht sittlichen Zustand der Gesellschaft. Wir kennen die Einwendungen, welche unserer Ansicht von vielen Seiten her gemacht werden; wir haben sie längst alle geprüft, aber keine hat sich vor dem Richterstuhle der Sittlichkeit bewährt. Wir erkennen es an, daß es mehr ein Gefühl als eine klare Ueberzeugung ist, wenn man noch für den Zweikampf auftritt, und wir achten auch Gefühle die wir nicht theilen; da, wo sie noch wurzeln, kann man sie auch nicht mit Gewalt entfernen, und alle Gesetze wider den Zweikampf haben ihn noch nicht vertilgen können. Eine Verminderung desselben gegen frühere Zeiten, ist nur der fortschreitenden Gesittung zuzuschreiben, und dieser allein, hervorgehend aus wahrer Erkenntniß und Gesinnung, wird auch einst sein völliges Verschwinden zuzuweisen sein. — Ihn aus Furcht vor den leiblichen oder vor den gesetzlichen Folgen, also nicht aus Ueberzeugung seines Unrechts, abzulehnen; würde gegen das Ehrgefühl eines Standes sein, der keine menschliche Furcht kennen soll. — Es ist bereits dahin gekommen, daß in einem gesitteten Offizier-Corps kein sogenannter Raufbold mehr geduldet wird; und man würde gewiß den Kameraden nicht unbelehrt lassen, der behauptete: der Zweikampf sei nöthig, um in einem Corps von Ehrenmännern die Ehre aufrecht zu erhalten! Die Ansicht: der Zweikampf sei ein nothwendiges Uebel; müssen wir auch aus dem Grunde verwerfen: weil ein nothwendiges Uebel, schon dem bloßen Begriffe nach, nicht anzuerkennen ist, um so mehr wenn es als ein anerkanntes Uebel, auch stets durch die richtigen Mittel abzuwehren, möglich sein muß. (Vergl. S. 14, oben).

Wie nach diesen Ansichten über den Zweikampf, von Seiten der Gesetzgebung einzuschreiten sei; ist eine große Frage. Wir meinen Nachstehendes: Alle Ehrensachen sollen durch das Ehrengericht abgemacht werden, sobald die Parteien in sich, nicht auf sittlichem Wege zur Einigung kommen können. — Nie sollte das Ehrengericht auf das Eintreten eines Zweikampfs erkennen dürfen. Wer sich dem Ausspruche des Ehrengerichts nicht unterwirft, müßte die Gemeinschaft verlassen. Das Gesetz hat Jeden zu schützen vor den Folgen, der noch oft herrschenden Ansichten bei der Versagung des Zweikampfs, sobald diese letztere aus Ueberzeugung von der Unsittlichkeit desselben hervorgeht. Diese Erklärung bei Zeiten abzugeben, und nicht bis zum entscheidenden Fall zu warten, geziemt dem Ehrenmanne welcher jene Ueberzeugung besitzt. — Daß das Gesetz den so eben erwähnten Schutz gewähren kann, bezweifeln wir gar nicht, wenn gleich uns die entgegengesetzte Ansicht auch bekannt ist. — Wenn aber dennoch, sei es ohne oder nach Abhaltung eines Ehrengerichts, mit freier Entschließung beider Theile der Zweikampf erfolgt, und die Gesetzgebung entschließt sich nicht: von den Folgen des Zweikampfes keine richterliche Notiz zu nehmen; dann sei es eine gesetzliche, aber stets ehrenvolle Entfernung aus dem Dienste, für den Einen oder Beide Ueberlebende. — In dem, was wir früher über das dem Monarchen zugestandene sittliche Recht der Dienstentlassung, (im vorigen Abschnitte) sagten, liegt eine weite Grenze über die Stellung, welche der Entlassene in der Gesellschaft künftig einnehmen kann; selbst eine spätere Wieder-Anstellung kann vorbehalten werden. Alle ferneren Ansichten über die Durchführung eines solchen Gesetzes, gehören hier nicht her. — Daß wir ein sogenanntes **Rencontre**, wo auf der Stelle eine empfangene Beleidigung Genugthuung sucht, nicht zu den Zweikämpfen zählen; bedarf kaum der Anführung. Ein solches kann unter den verschiedensten Umständen stattfinden, und von der Straflosigkeit bis zur höchsten Strafe in den besonderen Fällen, gesetzlich beurtheilt werden. — Eine Sittlichkeit kann ihm aber nie eingeräumt werden; das Temperament verleitete hier zu einer Uebereilung, aber nicht zu einer vorbedachten verabredeten Handlung, wie es beim Zweikampfe geschieht. —

Mit den vorstehenden Betrachtungen über den Zweikampf, verlassen wir diesen Gegenstand, so viel sich auch über ihn noch sagen ließe. Daß wir, als entschiedener Gegner des Zweikampfs, dennoch in Anerkennung der menschlichen Schwäche, auch hier gern jede erlaubte Nachsicht gelten lassen; geht ohne Zweifel aus dem Gesagtem hervor. Das Gesetz kann die Nachsicht aber im Voraus nicht aussprechen; am wenigsten aber darf sie bereits bei der Betrachtung einer Erscheinung geübt werden, so lange vom rein sittlichen Standpunkte aus, über sie eine Untersuchung zu führen ist. —

Die Ehre ist ein hohes Gut, und unter Umständen ist ihr das Leben zu opfern, eine Pflicht. Aber sie ist nicht der Güter höchstes; ja, sie darf nicht einmal zu den höchsten Gütern gezählt werden. Und so giebt es selbst Fälle, wo das Ehrgefühl sich unterzuordnen hat, z. B. wenn es mit dem Gewissen in Zwiespalt gerathen könnte. — Wie oft wird dies verkannt! —

Wir hören oft die Behauptung: Der Kriegerstand sei ein Stand der Ehre. Soll dies heißen: daß ihm die Ehre vor den übrigen Ständen gebühre; so liegt die Verneinung solcher Behauptung bereits im Vorstehendem. Nur der Hochmuth ist es, welcher für sich eine größere Ehre fordert, als er sie Andern zutheilt. — Soll jener Ausspruch aber heißen: der Kriegerstand müsse die dringende Forderung machen, daß jedes seiner Mitglieder von wahrem Ehrgefühl durchdrungen sei, damit es dem Zwecke des Standes genügend entsprechen könne; — so erkennen wir ihn als richtig an. Denn, wo ein augenblickliches Zusammenwirken ohne Störung, bis zur Hingabe aller äußeren Güter, deren größtes das Leben ist, in steter Aussicht steht; da muß eine gegenseitige Anerkennung der Sittlichkeit, und daher auch ein persönliches Verlangen nach dieser Anerkennung, d. h. das Ehrgefühl, stets rege sein, und es kann der, welcher diesem Gefühle sich fremd zeigt, dem Kriegerstande, und vor allen den höheren Theilen desselben, nicht länger angehören. — Groß ist hiernach allerdings die Aufgabe des Einzelnen; ohne stets sittliches Streben, ist auch das wahre Ehrgefühl nicht rege, und bloße Worte können den Mangel desselben nicht ersetzen. Das ganze Leben des Einzelnen muß und wird es zeigen, ob bei ihm wahrhaftes Ehrgefühl oder nur bloße Eitelkeit vorhanden ist. Manche unsittliche Handlung wird begangen, die als solche dem Ehrgefühl widerspricht, und Eitelkeit, Selbstsucht und Ehrgeiz, werden oft für Ehrgefühl angesehen. — Möchten diese Begriffsverwirrungen immer mehr und bald ganz verschwinden! — Hierher rechnen wir auch das Verschwinden der zuweilen noch ausgesprochenen Ansicht: Daß der Vorgesetzte im Dienst den Untergebenen durch gewisse Aeußerungen nicht beleidigen könne. — Es ist gewiß Vorsicht in der Beurtheilung solcher Aeußerungen zu beobachten, zumal manches leicht reizbare Ehrgefühl den Untergebenen hierin zu weit führt, der selbst verdiente Zurechtweisungen, oder wol gar Belehrungen, für Beleidigungen hält. Wie aber die im Dienst allerdings auch möglicherweise vorkommenden Beleidigungen, auszugleichen sind; liegt in den vorstehenden Betrachtungen bereits gesagt. —

Wenn nun das Ehrgefühl nur ein Eigenthum des sittlichen Menschen sein kann, und jedem Krieger zu besitzen wichtig ist; so ist es doch im Offizier-Corps besonders aufrecht zu erhalten, während die untern Krieger noch nicht immer auf dem Standpunkte der sittlichen Bildung stehen, welchen mit zunehmender ächter Bildung zu gewinnen, einem Jeden im Volke obliegt. — Mag es daher noch nicht an der Zeit sein, auch den untern Krieger aus der Gemeinschaft zu entfernen, wenn er kein reges Ehrgefühl zeigt; so sollte er doch nicht ferner, selbst in den untersten Verhältnissen dieses Standes geduldet werden, wenn er sich ohne alles Ehrgefühl zeigt, geschweige, wenn er sich der Schande hingiebt und geradezu ehrlos wird. In den Heeren, die auf einem höheren Standpunkte sittlicher Bildung stehen, namentlich im Preußischen, findet solche Duldung auch nicht statt. —

Man hört wol öfter den Krieger auffordern: gewisse Bevorzugungen oder äußere Zeichen, als eine Ehre anzuerkennen, die nicht selten ganz leer sind. Vorzüge kann nur Derjenige wahrhaft genießen und ihre Anerkennung erwarten, der sie erworben hat und dennoch nicht beansprucht; eine besondere Ehre ist aber auch alsdann nicht in sie zu setzen; und wenn sie von Andern nicht gehörig gewürdigt werden, so ist dies kein Zunahetreten der Ehre dessen, der sie genießt. — Ob es aber überhaupt sittlich zulässig ist, ganze Truppentheile zu bevorzugen, die sich dies nicht selbst bei besonderen Gelegenheiten, namentlich im Kriege, erworben haben; ist zu verneinen. — Gegen die Garden, insofern sie noch besondere taktische Zwecke haben können; ist unter jener Voraussetzung erworbener Vorzüge, Nichts sittlich einzuwenden.

Wir knüpfen an diese Betrachtungen über die Ehre, noch unmittelbar die nachstehenden an. — Der häufige Gebrauch des Ehrenwortes als Betheurung, zumal da, wo dies eine bloße Redensart geworden ist, ist offenbar ein großer Mißbrauch und zeigt von Leichtsinn. — Aber auch die ernste Verpfändung desselben, als Gelübde zur Erfüllung einer übernommenen Verpflichtung, ist eine bedenkliche Sache; doch erscheint dies sittlich keinesweges ganz unzulässig. Daß derjenige, welcher diese Verpfändung, als größte Sicherheit die ein Ehrenmann gewähren kann, nicht einlöset oder das Wort nicht hält, aus der Gemeinschaft eines Offizier-Corps scheiden muß, ist einleuchtend; doch ist er deshalb noch nicht ehrlos, sobald unabwendbare Umstände eintreten, welche die übernommene Verpflichtung zu halten, rein unmöglich machen. — Aber das Ehrenwort brechen, nemlich: es nicht halten da wo es gehalten werden kann; ist stets ehrlos. — Das Ehrenwort als Betheuerung der Wahrheit, also analog mit dem Zeugeneide zu gebrauchen; erscheint in bestimmten Fällen wol als zulässig, zumal es noch anderer Natur als ein Eid ist. Doch wer es hier unrichtig gegeben hat, ist allerdings als ehrlos zu betrachten.—Es müßte kein Vorgesetzter das Recht haben, anders als unter bestimmten gesetzlichen Bedingungen, dem Untergebenen das Ehrenwort als Betheuerung eines Geschehenen, nie aber als Gelübde abzufordern.

Die sogenannten Ehrenbezeugungen (Honneurs) sind im Kriegerstande vorzugsweise üblich. Ein Soldat auf Posten sollte eigentlich gar keine Ehrenbezeugungen zu machen haben; sie schaden der Würde des Postens, da sie nicht mit der richtigen Ansicht im Einklang stehen: daß der Posten im Namen des Dienstes oder des Gesetzes steht. —

Die sogenannten Ehrenposten stimmen aber offenbar nicht mit der sittlichen Anerkennung der Menschenwürde überein. Es kann keinem Menschen, geschweige einer todten Sache (z. B. Fahne, Standarte) eine Ehre dadurch erwiesen werden, daß sich unausgesetzt ein oder mehrere Menschen als Posten, mit Wenig- oder Nichtsthun — es sei denn mit dem Machen von Honneurs — vor dem Aufenthaltsorte des durch sie zu Ehrenden aufhalten. — Die übrigen vom Krieger zu machenden Honneurs, müßten in sehr mäßige Schranken verwiesen werden, sowohl in Hinsicht ihrer Menge, ihrer Form als auch der Personen denen sie erwiesen werden. Als Anstandsformen sind sie wol zulässig, als gebotene Achtungsbeweise aber leer; denn Achtung wird von Innen heraus doch nur dem erwiesen, der sie sich erwirbt; diesem wird sie aber auch nie fehlen. — Daß dem Rocke und nicht der Person die Honneurs gelten sollen; kann vor der sittlichen Prüfung nicht bestehen.

Wir wenden uns zu den Ehrenzeichen oder Orden. — Bei dem gegenwärtigen unvollkommenen Standpunkte der sittlichen Bildung der Menschen, sind eben so wenig Belohnungen als Strafen zu vermeiden. Ueber die letzteren werden wir uns im Abschnitt: von der Disciplin, näher aussprechen. Die wahre Belohnung für das Geleistete, findet der Sittliche nur im eigenen Bewußtsein. Von Außen her kann für ihn der Lohn, nur in der Anerkennung und der möglicherweise hiermit verbundenen Erweiterung des Wirkungskreises bestehen. — Letztere aber immer als sofortigen Lohn eintreten zu lassen, ist unmöglich; und da hat man, weil materieller Lohn nicht immer zu reichen oder anwendbar ist, als äußere Anerkennung: die Orden erdacht. Sollen diese nicht bloße Verzierungen sein oder gar der Eitelkeit dienen, um durch sie die Anerkennung erworbener Verdienste, vor den Menschen zur Schau zu tragen; so läßt sich die sittliche Zulassung des Ehrenzeichens doch nur in der Voraussetzung rechtfertigen, daß derjenige, welcher es erhält, auch die Aufgabe lösen werde: durch dasselbe das wahre Ehrgefühl nicht zur Eitelkeit herabsinken zu lassen. — Ein höherer Grad sittlicher Bildung wäre offenbar erreicht, wenn diese Art der Auszeichnung ganz verschwände. So lange dies aber noch nicht als zulässig, und namentlich die Abschaffung der Orden als Belohnung für besondere Kriegsthaten, noch nicht als ganz geeignet erscheint; können die Orden auch nur einen höheren Werth erhalten, wenn ihre Verleihung selten erfolgt. Wir können das Fernere über diesen zarten Punkt, namentlich das unsittliche Streben nach Ehrenzeichen und gar viele hiermit noch verbundene andere Uebel, so wie die kaum zu lösende Aufgabe des richtigen Herausfindens derer, welche durch sie belohnt werden sollen; dahin gestellt sein lassen. Wie Viele aber, die auf gleiche Weise sich für solche Anerkennung eignen, bleiben ganz unberücksichtigt! — Daß nach dem hier Gesagtem: die Abzeichen für Dienstverhältnisse oder Dienstzeit, so wie Medaillen u. dgl., die ein Jeder erhält, der bei gewissen Veranlassungen, namentlich im Kriege, mitwirkte, nicht mit den Ehrenzeichen zu verwechseln sind; ist für sich deutlich.

Zum Schluß dieser Betrachtungen über die Ehre, werfen wir noch einen Blick auf das Denunciren, welches oft als der Ehre zuwider angesehen wird. Gewiß, wenn es heimlich geschieht, ohne daß der Denunciant auch nur hervorzutreten Willens ist; so versteckt sich in der Regel mindestens eine Feigheit dahinter, die Niemanden ehren kann. — Daß die Denunciation völlig unsittlich und eine ehrlose Handlung ist, sobald sie der Wahrheit nicht streng gemäß, oder wol gar in unlauterer Absicht geschieht; bedarf keiner Erinnerung. — Wenn sie aber in der reinen Absicht erfolgt, einem anerkannten Uebel zu begegnen, dem man aber nicht anders abzuhelfen weiß, als durch dessen offene unumwundene Darlegung nach bestem Wissen und Gewissen, ohne Rücksicht auf den etwaigen eigenen Nachtheil; so wird sie zur sittlich gebotenen Pflicht und kann daher nicht der Ehre zuwider sein. — Die höchste Vorsicht erfordert sie überdies noch, wenn sie gegen bestimmte Personen gerichtet ist, und selten möchte es sich dann mit der Ehre vereinigen lassen, wenn der Denunciant seine Person nicht offen angiebt. — Auf Denunciationen aber Werth legen und ihnen Folge zu geben, wenn der Denunciant jene Bedingungen nicht erfüllt, unter denen seine Handlung allein ehrenvoll ist; kann mindestens nicht als ehrenwerth angesehen werden, wenn nicht wiederum ganz bestimmte Gründe für die Geheimhaltung vorwalten, welche die strengste sittliche Prüfung nicht zu scheuen haben.

Wie schwer, ja wie unmöglich es ist, bestimmte Grenzen über die Anerkennung der Ehre, und was zu ihr gehört, zu geben; ist einleuchtend. Man sollte daher auch bei einzelnen Handlungen, die leicht zu schnell nach dem Maaßstabe der Ehre beurtheilt werden, nicht nur behutsamer als es wol geschieht, sein, sondern auch das ganze frühere Leben und die volle Persönlichkeit des Menschen scharf in's Auge fassen, dessen besondere Handlung man in die Goldwage der Ehre legt. —

V. Ueber den Dienst.

Dienst heißt allgemein das Verhältniß, in welchem sich die zu einem gemeinschaftlichen Zwecke vereinigten Menschen befinden, sobald sie für diesen Zweck handelnd zusammentreten. — Giebt es nun keinen höheren Dienst, als die Lösung der, der Menschheit gestellten Aufgabe, nämlich: die Verwirklichung der Idee eines Gottesreichs auf Erden, wie sie, nicht als ein bloßes Ideal hingestellt, das practische Christenthum bedingt, und wie das Näherkommen jener Auflösung die Geschichte lehrt; dann ist auch dieser, der eigentliche Gottesdienst im wahren Sinne, zugleich der einzig sittlich erlaubte, der eigentliche allerhöchste Dienst. In diesem Dienste soll jeder sogenannte spezielle Herrendienst, zuletzt aufgehen und nirgend mit ihm im Widerspruche stehen. Dann läßt sich auch unter Umständen der Ausspruch rechtfertigen: „Herrendienst geht vor Gottesdienst", sobald unter letzterem, wie gewöhnlich, der Kirchenbesuch verstanden wird. — Es kann nun aber jener höchste Zweck, nur durch die Mannigfaltigkeit der einzelnen Dienste wie sie im Leben vorkommen, erreicht werden, und es müssen alle besonderen Dienstverhältnisse, um auch in ihren geringsten Thätigkeiten das Streben nach jenem höchsten Zwecke zu beurkunden, überall volle Sittlichkeit zeigen. — Wenn nun aber die Wirklichkeit noch nicht überall die Erfüllung eines streng sittlichen Handelns in den einzelnen untergeordneten Dienstverhältnissen zuläßt, und, sei es durch physische oder unsittliche Störungen, der Hemmungen gar viele darbietet; so bleibt es auch noch dem Grade der sittlichen Bildung des Einzelnen überlassen, zu zeigen: wie weit er bereits dem höchsten Ziele näher gekommen sei, und wie viel er Geschick habe, wieder einzulenken in die richtige Bahn, aus der er vorübergehend, durch die mit Freiheit erkannte Nothwendigkeit auszulenken, veranlaßt war. — Es geht aus diesen Ansichten hervor, daß hiernach auch der sogenannte königliche Dienst, nur innerhalb der Grenzen sittlich zulässig ist, als er selbst im allerhöchsten Dienst (Gottesdienst) seine Stelle wahrhaft einnimmt. — Wie weit solche Grenzen im Kriegerstande reichen, ist im Allgemeinen in den früheren Betrachtungen niedergelegt. Haben nun diese kriegerischen Dienstverhältnisse ihre richtige Würdigung gefunden; so kann zunächst für unsere gegenwärtige Betrachtung der Ausspruch: „Der Soldat ist stets oder überall im königlichen Dienste," vor einer sittlichen Prüfung nicht bestehen; denn es ist ja des Kriegers Dienstverhältniß selbst nur ein untergeordnetes im Staate, geschweige in einer noch höheren und höchsten Bedeutung. Der Dienst ist durch den fehlbaren menschlichen Willen, in seinen Einzelheiten geordnet, und tritt überall in Wechselwirkung mit den übrigen, für den höchsten Dienst nicht weniger wichtigen Dienstverhältnissen. Daher ist von jedem in der Gemeinschaft Thätigem, auch von seinem Standpunkte aus, die sittliche Ausgleichung mit allen übrigen Dienstverhältnissen im Staate und in der Menschheit, aufzusuchen. Diese Ausgleichung zu erreichen ist aber gar nicht möglich, wenn der obige Ausspruch gelten sollte; denn in ihm liegt zugleich: daß der Untergebene, dem Vorgesetzten gegenüber, stets im Dienste sein soll. — Man meine nicht, daß dieses völlig unhaltbare Verhältniß, nicht auch mitunter behauptet würde, und daß nur in der Praxis ein minder strenges Verhältniß einem Jedem zugestanden wird. Freilich, so lange ein milderes Verhältniß dieser Art einigen Vorgesetzten genehm ist, dulden sie es; aber sie setzen es sofort außer Cours, wenn es ihnen unangenehm oder unbequem wird. Besonders tritt dies alsdann ein, sobald sie in einem Untergebenen eine Ueberlegenheit über sich entdecken. Es kann sogar soweit gehen, daß sie kaum den bescheidensten Einwand vom Untergebenen dulden, wenn dieser auch im vollen Rechte ist, und eine Gegenäußerung über den besonderen Fall zur Pflicht wird. Es verstecken sich solche Vorgesetzte dann hinter jenen angeführten Ausspruch, und überreden sich selbst, sie hätten das Recht: weil es der Dienst so mit sich bringt, auf ihrer Seite. — Hier ist nicht die Rede von solchen Dienstverrichtungen, wo nur Einer reden und befehlen kann und darf, wo selbst der besser unterrichtete Untergebene zu schweigen und zu folgen hat; denn, wenig Erkenntniß und Takt zeigt es, hier nicht die gebührende Zurückhaltung zu besitzen. — Wir müssen auf das Unsittliche des Satzes: Daß der Vorgesetzte zu jeder Zeit und an jedem Orte dem Untergebenen gegenüber, als Vorgesetzter erscheine; um so mehr aufmerksam machen, als die heillosesten Folgen daraus entstehen, und ein Mißbrauch damit getrieben werden kann, der eine völlige Unterdrückung des sittlichen Selbstgefühls der Untergebenen verlangt und auch wol bewirkt. Ein Vorgesetzter würde es dadurch in seiner Hand haben, und dies um so mehr, je fester er in der Kenntniß der dienstlichen Formen ist, jede Angelegenheit, ja selbst reine Familien-

Kotterien, in dienstliche Angelegenheiten zu verwandeln, und sein oft völliges Unrecht, ja mehr als dies, so zu stellen, daß auch wol ein unbefangener Untergebener an seinem eigenen Rechte zweifelhaft werden kann; oder, wenn letzterer auch dies fest hält, aber keine feste Gesinnung besitzt, oft die Weitläuftigkeit des Weges der gesetzlichen Beschwerde scheut, und, um neuen Aerger oder heimliche Einwirkungen, ja wol gar mittelbar durch diese den Verlust der Stellung, einer Versetzung u. derg. m. zu vermeiden, schweigt, wo Schweigen eine Unsittlichkeit ist. — Wie solchem Treiben, mag es auch nur zu den Ausnahmen gehören, zu begegnen sei; ist nicht schwer zu erkennen, sobald die Grundansicht vom Dienst, wie wir sie zuvor gaben, als richtig erkannt ist. Weise Gesetze müssen und können auch hier helfen und schützen. — Im folgenden Abschnitte noch ein Mehreres hierüber. — Wie aber auch oft Vorgesetzte, die selbst von edleren Ansichten über ihr Verhältniß zu ihren Untergebenen ausgehen, dennoch sich in der Liebe und wahren Achtung der Letztern, und hierdurch wiederum dem Dienste schaden, wenn sie außerdienstlich den Vorgesetzten stets geltend machen wollen; kann Keinem entgehen, der Menschenkenntniß und Beobachtungsgabe besitzt. Fürchtet ein Vorgesetzter, durch ein richtiges Verhalten außer dem speziellen Dienste, wie es sittlich erfordert wird, indem er nur die wahre Bildung in jeder Beziehung walten läßt, sich in den Augen der Untergebenen zu schaden oder sich etwas zu vergeben; dann muß er von der wahren Achtung, welche die Persönlichkeit und nicht der Rang doch nur allein erwirbt, wenige Kenntniß, oder wenig Geschick haben diese sich zu erwerben. Eine taktvolle Haltung wird der Gebildete seinem Nebenmenschen gegenüber immer festhalten, und verletzt der Jüngere den wahren Anstand gegen den

Aelteren, so wird seine Zurückführung auf den richtigen Weg entweder dem Aelteren gelingen, oder die größere Gemeinschaft übernimmt was dem Einzelnen nicht gelang. — Wie traurig es aber gar wird, wenn die Rangverhältnisse der Männer auch auf ihre Frauen, oder wol auch noch auf die Töchter übergehen, und hierdurch wieder nicht selten auf die Dienstverhältnisse der Männer zurückwirken; erhellet ohne nähere Schilderung.

Wir wenden uns nun zur Betrachtung derjenigen kriegerischen Dienstverhältnisse, die ein Jeder ohne nähere Begrenzung als solche anerkennt. Wir betrachten zunächst das Dienstverhältniß, was der Natur des Kriegerstandes gemäß als das strengste aufrecht zu erhalten ist, nämlich: der Dienst mit den Waffen in der Hand, sei es im wirklichen Kampfe oder nur auf dem Uebungsplatze. — Auch hier finden wir der Erscheinungen genug, bei denen ein sittliches Handeln vermißt wird. Ist der Krieger ein solcher, wie wir ihn in den Betrachtungen über den Kriegerstand schilderten; so darf der Vorgesetzte nie aus dem Auge setzen, daß er es in seinen Untergebenen mit sittlichen Naturen zu thun hat, und daß er nicht einmal Herr seiner Untergebenen in solchen billigen Grenzen ist, wie sie zulässig sind zwischen einem Herrn und dessen freien Diener. Wir wollen hier ganz von solchen Vorgesetzten absehen, wie sie mitunter früher vorhanden gewesen sein sollen, die im Dienste selbst die Menschenrechte ihren Untergebenen nicht zugaben; sie sind jetzt nicht mehr vorhanden. — Aber es giebt noch Vorgesetzte, die in der That zwei Naturen haben. Sind sie auch außer dem Dienste im humanen Verhältniß gegen ihre Untergebenen, so meinen sie doch im Dienste ganz anderen Grundsätzen des Handelns folgen zu müssen; daß sie hier nur unbedingt Dienende vor sich haben, gegen welche ein streng sittliches Verhalten weder zulässig noch anwendbar sei. — Wie wenig aber solche Naturen von dem Einen, was Noth thut, entfernt sind; wie wenig sie erkannt haben, daß der Sittliche überall nur Einer und Derselbe ist, und diese Einheit auch in jedem Handeln darzustellen hat; ist deutlich. Wie weit die äußere Haltung in Stellung, Bewegung, Rede und Thun jeder Art, eine ernste im Dienste sein muß, ohne zu einer pedantischen zu werden; ist nicht schwer zu erkennen. Aber nur der Ernst ist, gegenüber dem freien Manne, — und für einen solchen erkennen wir einen Jeden, der nicht das Gegentheil gesetzlich verwirkt hat — der sittliche Ernst, der nicht das Rauhe und Barsche, sondern die Milde zur Seite hat, und dieser Ernst wird auch seine Wirkung im Dienste nicht verfehlen. Gegen den unwürdigen Untergebenen, der sich als solcher bald genug zeigt, wende man Strenge innerhalb der sittlich erlaubten Grenzen an; hierüber im folgenden Abschnitte das Nähere. Gegen den Würdigen ist Strenge stets unangebracht. — Wol meint mancher Vorgesetzte, daß er sich und dem Dienste schade, wenn er in diesem nicht strenge ist; — sich schadet er freilich wenn er ein Schwacher ist, und nur an das eigene Fortkommen denkt; dem Dienste aber schadet er alsdann, wenn die Untergebenen durch ihn so gewöhnt sind, daß sie nur Strenge kennen wollen; dies letztere wird aber zu den seltenen Fällen gehören. — Die Folgen jener Handlungsweisen im Dienste und der mannigfaltigen damit verbundenen Quälereien, sind leicht zu nennen. Wir wollen zunächst absehen von einem Benehmen, wie es schon ganz unwürdig eines Mannes ist, dem man Erziehung, Bildung und Einsicht zuschreiben sollte, und wie es auch nur noch selten vorkommt, z. B. wenn Aeußerungen wie Schimpfen, Fluchen, Schwören u. dergl., die jedes sittliche Gefühl verletzen, vor der Front laut werden, oder wenn der Vorgesetzte meint, aus der Haut fahren zu müssen, wenn ein Uebungsfehler gemacht wird, dem nicht selten eine Wichtigkeit beigelegt wird, als wenn das Bestehen der Welt davon abhinge; wenn bei zusammengesetzten Uebungen der Vorgesetzte Fehler, die er macht und welche gerügt werden, den Untergebenen entgelten läßt; wenn er Dinge aufstellt und behauptet, die nach der Einsicht des Untergebenen sogleich mindestens als unrichtig erscheinen; wenn er sich oft in wenig oder nichtssagenden, und wol gar noch langen anzüglichen Reden gefällt; — alles dies und noch Anderes unter dem Deckmantel des Dienstes. — Hinweisen müssen wir jedoch auf Vorgesetzte, die an sich oft edlere Naturen sind, aber im Dienste das Wesentliche vom Unwesentlichen nicht trennen können; die einer Pedanterie huldigen, weil sie meinen: solche gehöre dazu; die da meinen: Alles bemerken zu müssen, — oft nur des Effekts wegen, der damit verbunden ist — und darum aus ihrer Sphäre in die der Untergebenen zur Unzeit hinabsteigen; die immer eingreifen in die Wirkungskreise ihrer Untergebenen, wo es gar nicht thunlich ist, und die bei diesem und vielem anderen Treiben wol gar die ihnen obliegenden höheren Zwecke oft übersehen. — Was ist die unmittelbare Folge hiervon? Die Untergebenen werden mißmüthig und verlieren die Lust und Liebe für den Dienst bei den Quälereien, wenn man das oft völlig Gleichgültige von ihnen mit demselben Eifer auszuführen verlangt, wie das Wichtige, und wenn man mehr als es für die nöthige Controlle erforderlich ist, stets in ihren Wirkungskreis eingreift, und sie als unmündig ansieht, da wo sie es nicht mehr sein dürfen. Hält man jene und andere hiermit zusammenhängende Folgen für gleichgültig? Wer wollte zweifeln, daß hierdurch der Dienst wirklich leidet, wenn dem Untergebenen das Leben verbittert und der Dienst verleidet wird! Wahrhaft belehrt wird durch solches Einwirken kein Untergebener, und eine Vervollkommnung des Dienstes im höheren Sinne, ist dabei nicht möglich. Aber es liegt das Uebel auch mit darin, daß die Vorgesetzten nicht immer wahre Lehrer ihrer Untergebenen sind; kommt auch freilich das Lehrtalent nicht mit dem Range, so sollte man doch das Streben: belehren und nicht bloß befehlen zu wollen, bei der Bildung, die ein Vorgesetzter haben muß, nicht vermissen. —

Häufig findet man den sogenannten Diensteifer als eine besonders lobenswerthe Eigenschaft des Kriegers angeführt. Nun ja, eifrig soll ein Jeder seine Pflichten erfüllen; aber ehrenwerth ist es, wenn dies ohne Geltendmachung geschieht. Der sittliche Eifer, der sich in seinen Grenzen hält, ist geräuschlos und hat da am meisten Werth, wo er nicht nach Beachtung strebt. Aber leider sehen wir mit der Benennung: Diensteifer, gewöhnlich ein Benehmen bezeichnet, welches im Gegensatze mit Obigem, sich durch ein lautes, unruhiges und öffentliches Betragen, durch ein im Dienste sich Zerreißenwollen charakterisirt, und darum auch gewöhnlich als sehr zweideutig erscheint. Unzweideutiger ist die Benennung: Diensttreue. Diese wird niemals denen beigelegt, welche in der zuletzt bezeichneten Art sich benehmen. — Die wahre sittliche Treue ist nie ohne die Tugenden der Beharrlichkeit und der Besonnenheit; sie ist entfernt von jeder Augendienerei, die sich leicht bei denen einfindet, welche einen falschen Diensteifer zur Schau tragen, und für diesen Beachtung und Belohnung einzuerndten streben.

Für die Theile des Dienstes, so wie für die Obliegenheiten der Einzelnen, ist eine bestimmte Sonderung nöthig. Auf sittlichem Boden ruhend, müssen die Grundzüge der hierzu nöthigen Bestimmungen, einfach und doch umfassend, so wie klar und leicht verständlich, in einem besonderen *Dienst-Reglement* niedergelegt sein. Nicht eine unübersehbare Menge einzelner Vorschriften und Befehle, in welchen zuletzt Keinem mehr ein klarer Blick und eine deutliche Einsicht und Uebersicht gestattet ist, kann hier genügen. Die Folge solcher Anhäufung von Vorschriften, wol gar noch mancher die nicht Jedem zugänglich sind, obgleich sie auf Ihn angewendet werden, — ist zunächst der Mangel an Selbstvertrauen, auch stets das dienstlich Richtige zu treffen; dann aber auch der Mangel an Kenntniß, sich seines Rechts und seiner Pflichten bestimmt bewußt zu sein, gegenüber den Vorgesetzten so wie den Untergebenen. Auch ist es gar nicht möglich, durch Reglements, Befehle, Instruktionen u. s. w. alle vorkommenden Fälle im Voraus zu bestimmen. Fehlen also durchgreifende *allgemeine* Bestimmungen, die Jedem neben seiner Pflicht auch sein Recht sogleich klar zeigen; so treten nicht nur Irrungen aller Art ein, sondern der Vorgesetzte behält in vielen Fällen Mittel genug, sein *Unrecht* hinter Formen zu verstecken oder es wol gar in ein *Recht* zu verwandeln, — Ein solches Dienst-Reglement würde ein jeder Krieger zugleich als ein Schild ansehen, das ihn gegen die vorhin berührten Mängel und Einwirkungen schützte. — Kommen jene traurige Folgen, wenn auch nur weniger Fälle, nicht immer zur Oeffentlichkeit; so ist leicht eine unsittliche Unterdrückung, seltener eine sittliche Beilegung die Ursache hiervon. — Der geheime Schaden frißt krebsartig um sich, und untergräbt nicht selten die edelsten Getriebe einer sittlichen Gemeinschaft, die gerade im Kriegerstande nicht edel genug sein kann, in welchem Stande der Untergebene nur dann mit Liebe sich dem Vorgesetzten, der oft mit einem Worte über die äußere Existenz, die Gesundheit und das Leben des Untergebenen bestimmt, anvertraut, wenn er in diesem eine sittliche, edle Natur erkennt, für deren Erkennen der einfachste Mensch ein richtiges, wenn auch oft unbewußtes Gefühl (Instinkt) hat. — Daß die Bearbeitung eines solchen Dienst-Reglements keine kleine Aufgabe ist, wird zugegeben, eben so, daß sein Gebrauch nur bei einer fortschreitenden sittlichen Entwickelung der Einzelnen, wahres Heil dem Kriegerstande bringen kann, zu deren Förderung es aber wiederum unmittelbar beiträgt.

Noch giebt es manche Theile des Dienstes, in welchen eine sittliche Beziehung vielleicht nicht sogleich erscheint, dennoch aber vorhanden ist. — So läßt sich leicht für ein Exerzier-Reglement nachweisen, daß es auch sittlichen Forderungen entsprechen muß. Durch dasselbe kann die Gesundheit des Kriegers und die Freudigkeit am praktischen Dienste sehr viel gefördert, aber auch gestört werden. — Es muß neben den nöthigen, unerläßlichen Vorschriften, zugleich in bestimmten Fällen dem Vorgesetzten wie dem Untergebenen, die nöthige Freiheit in seinen Anordnungen und Ausführungen gestatten; es muß möglichst einfache Grundzüge enthalten, welche ohne neue künstliche Bestimmungen die Folgerungen aus ihnen, von selbst herleiten lassen; es muß leicht übersichtlich und systematisch bearbeitet sein; es muß eine wissenschaftliche Bearbeitung erhalten, ohne solche zur Schau zu tragen. Daß auch diese Bearbeitung eine nicht so leicht zu lösende Aufgabe ist, geben wir gern zu. — Ferner ist die streng geordnete Verwaltung, so wie der Geschäftsgang, auch sittlich zu regeln, wozu die Vermeidung aller unnützen Schreibereien, Berichte, Eingaben, Controllen u. s. w. gehört, die selbst häufig einem schnellen Eingreifen hemmend entgegen treten, wenn nicht ein energischer Vorgesetzter sie, in geeigneten Fällen, durch seine Persönlichkeit überwindet. Die Mängel einer Büreaukratie sollten sich nirgend finden lassen. Auch in dem, wenn gleich streng geordneten Kassenwesen, könnten durch vermehrtes Vertrauen viele Vereinfachungen eintreten. Vor Allem darf man Keinem zumuthen: Eingaben in Kassenangelegenheiten zu unterschreiben, die ein Vorgesetzter bei seiner Stellung, oft gar nicht gehörig beurtheilen und durchsehen kann. — Man darf ihn daher auch nicht verantwortlich machen, wo er es nicht sein kann. —

Der Dienst soll nicht mechanisch, nicht gedankenlos getrieben werden, wie man es wol früher selbst zur Forderung machte. Mag es auch noch außerordentliche, nicht ganz zu beseitigende Fälle geben, wo der Krieger im Dienste keine freie selbst bewußte Thätigkeit entwickeln kann; so müssen doch solche Fälle möglichst beseitigt werden. — Der Wachtdienst in der Garnison gehört in mancher Beziehung hierher. Wie auch er eine bessere Gestaltung annehmen, und zu einer größeren Uebung in der Kriegerausbildung werden kann, gehört zu untersuchen nicht hierher. Mit ihm hängen noch so manche Mängel zusammen, die unmittelbar auf die Sittlichkeit einwirken, wohin auch das nicht selten gedankenlose Postenstehen zu rechnen ist.

Noch müssen wir dem sogenannten militairischen Gottesdienste einige Worte widmen. Wir wollen nicht an solchen Gottesdienst erinnern, wo dieser doch eigentlich nur Nebensache, die damit verbundene Parade aber Hauptsache war; er ist größtentheils nicht mehr üblich, und mit ihm sind viele unsittliche Dinge verschwunden. — Aber in den Armeen sind noch größtentheils die sogenannten Kirchenparaden üblich. Kommen auch diese bei geläuterten Einsichten allmählich ab, und sind selbst einige frühere dabei stattgefundene Mängel bereits beseitigt; so findet doch noch das: zur Kirchegehenmüssen, als ein Theil des Dienstes statt. — Aber auch dies kann vor einer sittlichen Prüfung nicht bestehen; zum Kirchenbesuche darf Niemand commandirt werden. — Je mehr das religiöse Leben: als die Sittlichkeit bedingend, anerkannt wird, und mit ihm auch das kirchliche Leben erst seine wahre Stellung gewinnt; je mehr muß jedem Menschen volle Freiheit im Kirchenbesuche gestattet werden. Daß der Kriegerstand eigene Gemeinden bildet und eigene Prediger hat, ist gut; letztere begleiten ihn in den Krieg, und an sie ist er auch in kirchlicher Hinsicht im Frieden zunächst gewiesen. — Ob der Soldat aber diesen Prediger, einen Andern beim Kirchenbesuch, oder aber auch wol gar Keinen hören will; muß ihm ganz überlassen bleiben. — Wenn man den Sonntag und Feiertag dem Soldaten zum rechten Ruhe- und Festtag machen will, so schränke man für diese Tage den Dienst auf den unerläßlichsten ein. Allgemeine Bestimmungen lassen sich hierüber von Oben geben, und dem Vorgesetzten überlasse man es, die näheren Maaßregeln für solche Dienst-Einschränkungen, wie die Lokalität sie darbietet, zu treffen. Es ist viel kirchlicher Sinn in den Kriegern, und er kann da, wo er schwach sein sollte, durch sittliche Mittel noch gehoben werden. Die Soldaten werden die Kirchen gern freiwillig besuchen, wenn man sie nicht mehr dazu commandirt, und wenn in der Kirche gepredigt wird, was sie verstehen können und was sie erbauen kann. Gehen sie dennoch nicht zur Kirche, so ist das Wegbleiben immer noch besser, als der Zwang zum Hineingehen. — Unmittelbar mit diesen Betrachtungen, hängt auch die Beurtheilung des Gebrauchs der bestimmten Stundengebete zusammen, wie sie bei den Wachen oder anderen Gelegenheiten noch in manchen Armeen bestehen. — Auch nachstehender Gebrauch kann hier nicht ganz übersehen werden. Eine sogenannte militairische Beerdigung, hat an sich im Allgemeinen keinen Charakter, der als unsittlich zu bezeichnen wäre. Aber das Gefühl wird durch die lärmende Art verletzt, mit der es üblich ist, von der Stätte der Beerdigung zurück zu kehren. Es wäre wol mehr Beachtung, besonders des Gefühls der wahrhaft Leidtragenden, hierbei zu wünschen. — Daß diese, so wie andere gerügte Gebräuche, durch Herkommen veranlaßt sind; ist kein Grund für ihren sittlichen Gehalt. —

Daß bei der treuen Erfüllung der Pflicht, dennoch durch stete Wiederholungen gewisser Dienstverrichtungen, eine Abspannung und Ermüdung eintritt, ist menschlich; daher eine Erfrischung zum rüstigen Weiterwirken, zu Zeiten nothwendig wird. Die Urlaubsbewilligungen sind zu solchen Erholungen zu zählen; sie könnten in manchen Formen bei besonderen Fällen, auch noch erleichtert werden. Der Vorgesetzte, welcher die Pflichten gegen die Untergebenen vom höheren Gesichtspunkte aus ansieht, wird auch bei jenen Bewilligungen das richtige Maaß zu finden wissen und nicht die Laune walten lassen. Vorschriften lassen sich auch hier nur im Allgemeinen geben, und Unbilligkeiten von beiden Seiten, im Bitten um Urlaub wie im Bewilligen desselben; lassen sich dienstlich begegnen.

Die übliche Ansicht: daß die Dienst-Kenntniß nur nach vielen Dienstjahren und beständigem Bleiben im sogenannten praktischen Dienste, wobei man alle einzelnen Chargen zurück gelegt haben müsse, gründlich zu erwerben sei; muß bestritten werden. Für die wahre höhere Dienstbildung, erscheint im Gegentheil ein öfterer Wechsel in verschiedenen Dienstverhältnissen unerläßlich; jedoch in früheren Dienstjahren mehr als in den späteren. Wohin ein stetes Verbleiben in dem sogenannten praktischen Dienst führt, ist: im glücklichsten Falle zu einer gewissen Einseitigkeit für andere als rein dienstliche Verhältnisse; im schlimmeren jedoch zu einer Beschränktheit, welche, als von nachtheiligen Folgen für eine höhere Fortbildung des Dienstes, anzuerkennen ist. Hüten mag sich ein Jeder davor, daß für ihn der Dienst nicht werde, wie man gewisse Arten ihn zu treiben, treffend bezeichnet hat, durch: Einen müßigen Geschäftsgang und einen geschäftigen Müßiggang! — Wir kommen in den späteren Betrachtungen hierauf zurück. —

Was endlich die Bestimmung in einigen Armeen betrifft: daß der Soldat auch außer dem Dienste stets in Uniform (mit geringer Ausnahme) ausgehen soll; so läßt sich hierüber vom sittlichen Standpunkte so manches für und gegen sagen. — Die nähere Untersuchung hierüber würde uns theilweise auf Gebiete, die unserm Gegenstande fern liegen, führen. Doch können wir nicht umhin, als Resultat unserer Ansicht über diesen Gegenstand hier noch anzuführen, daß wir im Allgemeinen die erwähnte Bestimmung, für ganz geeignet halten.

VI. Disciplin.

Jedes organische Ganze, das als ein solches sich weder seines Zusammenhanges mit, noch seiner Unterordnung unter einem höhern und letzten Ganzen überheben darf; muß in seiner bestimmten Gliederung und Leitung nach solchen Grundzügen geordnet sein, wie sie der Sittlichkeit entsprechen, wenn der Organismus nicht selbst schon die Keime der Auflösung in sich tragen soll. — Wie könnte es da fehlen, daß ein so viel gegliedertes Ganze, als der Kriegerstand ist, nachdem er den sittlichen Standpunkt im Staate eingenommen hat, den wir für ihn in den Betrachtungen über den Kriegerstand beanspruchten, auch nach sittlichen Principien als ein lebendiges und nicht maschinenartiges Ganze, geleitet werden müßte. — Bezeichnen wir im Allgemeinen durch die Benennung: Zucht, alles das, was zur Erziehung und Erhaltung einer bestimmten Lebensthätigkeit gehört; so ist die besondere Benennung: Mannszucht, ganz geeignet, für die Zucht in einer Gemeinschaft von Männern, wie der Kriegerstand sie zeigt, zu dienen. Wir nehmen jedoch hier keinen Anstand, das üblichere Wort: Disciplin, in der so eben angegeben Bedeutung, für Mannszucht zu gebrauchen.

Was nun zuerst die Gliederung im Kriegerstande anbetrifft; so haben wir die allgemeinen sittlichen Grundzüge derselben, bereits in den Betrachtungen über den Kriegerstand niedergelegt. Als Erweiterung jener Grundlage dient nunmehr Nachstehendes. — Zunächst darf kein Glied eines lebendig organischen Ganzen, als ein Ueberflüssiges erscheinen, was schon dann der Fall ist, wenn seine eigentliche Thätigkeit nur von kurzer Dauer, in der längeren Zeit aber sein Dasein als eine Hemmung, oder als ein bloßer Durchgangspunkt in der oft so schwerfälligen Kette des Geschäftsganges, erscheint. Sind in solchen Stellungen thätige Männer, welche die eigentliche dienstliche Ruhezeit nicht zu ihrer eigenen höheren Ausbildung zu benutzen wissen, oder welche anderweitig zweckmäßig zu verwenden sind; so erzeugen sie oft durch unnöthiges Eingreifen in die bestimmten Verrichtungen ihrer Untergebenen, einen wahrhaft sittlichen Nachtheil, worauf wir schon in der letzten Betrachtung hinwiesen. —

Wir wollen uns über ein nahe liegendes Beispiel näher aussprechen. Die Brigade-Commandeure der Infanterie und Kavallerie, nicht so der Landwehr, erscheinen als ein solches, schon den Geschäftsgang erschwerendes Glied in der Kette der Vorgesetzten. Während der kurzen Exerzierzeit, wo sie selbstständig einen Platz einnehmen, — wenn dies nicht, selbst taktisch beleuchtet, auch hier überflüssig ist — würden sie zweckmäßig durch den ältesten Regiments-Commandeur, dieser wieder durch den ältesten Untergebenen und so fort zu vertreten sein; wodurch zugleich alle diese Stellvertreter Gelegenheit erhielten, ihre Brauchbarkeit für einen höheren Standpunkt zu zeigen, bevor sie solchen wirklich erhalten.

Anders ist es bei dem Landwehr-Brigade-Commandeur; eine Zeit des Jahres ist er fast über seine Kräfte angestrengt, und in einer andern ist er auf den, wenn auch umfassenden, dennoch für ihn persönlich leichten Büreaudienst, den doch seine Gehülfen hauptsächlich besorgen, verwiesen. — Wie sich für diese drei Brigade-Commandeure, unter einem Divisions-Commandeur, eine zweckmäßige Aenderung treffen läßt; gehört nachzuweisen nicht für diese Blätter. Ist das Gesagte nun in der That für die Klasse der erwähnten Vorgesetzten ziemlich allgemein anerkannt; könnten auch durch ihre Beseitigung noch obenein bedeutende Ausgaben erspart werden; so wäre nicht nur eine noch bedeutendere Ersparniß, sondern auch wichtiger: die Beseitigung der Regiments-Commandeure der Linien-Infanterie, und dafür die Unterordnung je zweier Regimenter unter einen, alsdann wieder nothwendig werdenden Brigade-Commandeur. Diese, wie es scheint, noch wenig berücksichtigte Behauptung, könnte zu der Meinung führen: daß solche Ansicht, aller Kenntniß der Pflichten eines Regiments-Commandeurs der Infanterie entbehre, und daß wir die Wichtigkeit desselben für den Dienst und die Disciplin ganz verkennten. Wir meinen aber im Gegentheil, daß wir die Stellung, die Macht und den Einfluß dieser Commandeure in so hohem Grade anerkennen, daß uns eben dieselbe so wie sie ist, mit den Forderungen der Sittlichkeit, in Beziehung auf den Dienst und die Disciplin, nicht zu vereinigen scheint. Wie die Stellung dieser Commandeure gegenwärtig ist, so gehört zu ihr eine Tüchtigkeit in der Gesinnung, wie sie schwer zu finden ist. In den Händen dieser Commandeure liegt nicht allein, so weit dies durch menschlichen Einfluß möglich ist, das Schicksal ihrer Untergebenen (hierüber nachher noch Näheres) mehr noch als in den Händen der höheren Vorgesetzten; sondern von ihnen hängt es vorzüglich ab, ihren Untergebenen, ja selbst auch ihren Vorgesetzten, das Leben und den Dienst zu erschweren oder zu erleichtern. Ihnen ist zunächst die Leitung eines großen Offizier-Corps übergeben; eine Aufgabe, deren streng sittliche Lösung die schwierigste ist, die irgend ein Vorgesetzter haben kann. -- Aber meint man denn wirklich: daß für die taktischen Zwecke, ja selbst nur für die verwaltenden es nöthig ist, drei Bataillone zu einem größeren Ganzen zu vereinigen, und zur steten Bewachung oder anderer Gründe wegen, hierzu einen eigenen Vorgesetzten nöthig zu haben? Nicht nur schlagende Beispiele von bestehenden Einrichtungen des Gegentheils, nemlich in taktischer Beziehung: daß das Regiments-Exerzieren im Exerzier-Reglement ganz übergangen ist, so wie in verwaltender Hinsicht: das Bestehen selbstständiger Bataillone, sind hier anzuführen; sondern mehr noch innere, sittliche Gründe werden zum Beweise unserer Behauptung dienen. — Ein Bataillon in seiner gegenwärtigen taktischen und administrativen Einrichtung, muß man bei näherer Kenntniß, als ein wahres militairisches Kunstwerk anerkennen. Wer es so schuf, hat einen tiefen Blick in die Gliederung der Krieges- und der Krieger-Verhältnisse gethan. Von Mängeln, deren nähere Betrachtung hier nicht hergehört, ist es nicht ganz frei. Es ist die Einheit der Infanterie. — Ferner: die Stellung eines Bataillons-Commandeurs, namentlich seine Einwirkung auf das ihm untergebene Offizier-Corps (das im Allgemeinen der Zahl nach, gleich stark mit dem Offizier-Corps eines Kavallerie-Regiments ist) würde zu den segensreichsten Stellungen eines Vorgesetzten gehören, wenn man hier mit der strengsten Auswahl, ganz besonders der sittlichen Persönlichkeit des Commandeurs, zu Werke geht. — Auch noch abgesehen von der Persönlichkeit des Letzteren, die wir als eine ganz sittliche voraussetzen, wird die Selbstständigkeit und die freie Entwickelung des Bataillons-Commandeurs, durch jene Einflüsse gehemmt, und ihm hierdurch nicht selten die Lust zum freudigen Wirken benommen, daher auch mittelbar dem Dienste, so wie der Disciplin geschadet. — Wozu dienen die vielen Inspicirungen und Controllen, die oft wenig fruchtenden Eingaben, Berichte, Listen, Fragen und Antworten, welche die Bataillons-Commandeure und die Regiments-Commandeure sich gegenseitig machen, welche neben der Erschwerung des Geschäftsganges, noch die vorhin genannten übelen Folgen erzeugen müssen, und bei welchen so viel kostbare Zeit verloren wird. Eine Controlle ist überall nöthig; Niemand, wer es auch sei, darf und kann sich ihr entziehen. Aber die zu vielen Controllen, besonders wenn sie einen Mangel an Vertrauen beweisen; sind offenbar ein sittlicher Verderb, und jene vielen Eingaben oft bloß pro Forma oder leere Worte. — Meint man aber: es müsse eine Gleichförmigkeit unter je drei Bataillonen statt finden, wie sie doch nur ein Regiments-Commandeur herbeiführen könne? Welche Gleichförmigkeit wäre denn dies, die nicht bereits durch die allgemeinen Bestimmungen bedingt würde? Und geht sie darüber hinaus, so möchte sie wol sehr gleichglültig, eine bloße Plackerei, oder auch eine ganz überflüssige sein. Eine Ungleichheit findet ja doch so vielfach, durch Lokalverhältnisse und Persönlichkeiten bedingt, statt, wie sie auch ganz erwünscht ist und ihr Aufhören nur schaden kann. Mannigfaltigkeit der Theile, in gehörigen Grenzen, bringt Leben in einen Organismus, der ohne sie leicht ganz abstirbt. — Wenn die Vereinigung von sechs Bataillonen unter einem höheren Vorgesetzten erfolgte, welchem nur eine allgemeine Ueberwachung und Leitung derselben obläge, und der nur bei den Waffenübungen ihre Zusammenziehung zu einem Ganzen vorzunehmen hätte; so würde ein solcher Vorgesetzter einen entsprechenderen Wirkungskreis, und doch noch schöne Zeit für seine eigene Vorbereitung zu einer höheren Stellung, haben. Daß einzelne Bataillone, und wie oft werden sie von den jüngsten Stabs-Offizieren befehligt, eine selbstständige Stellung bereits haben, so wie wir sie Allen zueignen möchten um eine wahrhaft erforderliche höhere sittliche Stufe erreicht zu sehen; zeigt offenbar, daß wir keine Unmöglichkeit hier wünschen. Strenge Verantwortlichkeit, bleibe für den Vorgesetzten jedes Grades für die Erfüllung seiner Obliegenheiten, zu welchen aber auch gehört, daß er nicht unaufhörlich tiefer nach Unten einwirke, als es für die Disciplin heilsam ist. — Hier zeigt sich von Neuem die Nothwendigkeit eines Dienst-Reglements.

Wir betrachten nunmehr: die Subordination. — Ist die gegenseitige Unterordnung und Folgsamkeit unter den verschiedenen Gliedern die zu einem Ganzen wirken, sowol für das richtige Ineinandergreifen als für die Disciplin unerläßlich; so ist sie doch nur in sofern sittlich erlaubt und geboten, als sie zugleich die, einem jeden Menschen unter allen Bedingungen unabsprechbaren und unveräußerlichen Rechte anerkennt; mithin auch gestattet: unter bestimmten Umständen, sobald die Ueberzeugung und das Gewissen es gebieten, gegen gegebene Anordnungen begründete Einwendungen zu machen; natürlich unter strenger Verantwortlichkeit, daß jene Einwendungen auch sittlich begründet und zu beweisen sind. — Es scheint, daß an der Richtigkeit dieser Ansicht Niemand zweifelt, und daß es auch nirgend vom

Krieger gefordert werde, gegen seine Ueberzeugung zu handeln. Und doch, die Subordination, welche in ihren sittlichen Grenzen ohne Weiteres als ein nothwendiger Theil der Disciplin anzuerkennen ist, macht in dem Gesetze: des unbedingten Gehorsams in der Befolgung gegebener Befehle (wir reden hier von Befehlen, und noch nicht vom Gehorsam gegen Gesetze, wie der Staat sie giebt) eine Forderung, entgegen der Sittlichkeit. — Unbedingt ist zunächst nichts in den von Menschen geordneten Verhältnissen; überall erscheint hier nur eine Beziehungsweise (Relativität); von Umständen hängt hier Alles ab, mögen sie nun stillschweigend anerkannt oder noch erst bestimmt ausgesprochen werden; dies läßt sich ohne Weiteres als richtig erkennen. Wie kann man es also sittlich rechtfertigen: unbedingten Gehorsam gegen menschliche, mithin fehlbare, vielleicht geradezu unsittliche Befehle, oder auch Bestimmungen, Verordnungen u. dgl. m. zu verlangen! Sollte man meinen: daß der sogenannte militairische Gehorsam es auch so gar nicht meine; dann könnte auch das Gesetz nicht bestehen: daß Derjenige der Strafe verfalle, der nicht sofort, also unbedingt gehorcht! Gehorsam innerhalb billiger Grenzen, muß verlangt werden; und ist der Gehorsam auch in gewissen Formen, an den Krieger strenger zu beanspruchen, als in andern bürgerlichen Verhältnissen; so muß dennoch ein Jeder, der sich unter den genannten Voraussetzungen einem Befehle nicht zu folgen gedrungen fühlt, unter strenger Verantwortung, wie schon erwähnt, erst gehört werden bevor man ihn straft. — Dies gesetzlich zu gestatten, erscheint vielleicht als unpraktisch, ja als jedes augenblickliche, militairisch oft doch so nothwendige Zusammenwirken, untergrabend; und hiernach schon bedenklich, es nur zu behaupten.

Und doch, wir fürchten nicht die mindesten nachtheiligen Folgen hierdurch für die Disciplin, mag auch vielleicht in einzelnen Fällen die Eitelkeit eines Vorgesetzten, durch eine ihm gemachte Entgegnung verletzt werden, zumal wenn er sich Blößen gab, die zu vermeiden waren. Die wahre Autorität (durch persönliches Ansehn des Befehlenden, bedingte Folgeleistung seiner gegebenen Befehle) des Vorgesetzten, wird durch richtige taktvolle Entgegnung in den angemessenen Grenzen von Seiten des Untergebenen, nicht verletzt werden; während gegenwärtig manche gegebene Befehle, die der Untergebene als unausführbar oder als unrichtig erkennt, und deren Befolgung wol gar mit kleinlichem Eigensinne verlangt wird; stets der Autorität schaden, um so mehr, wenn die, solchen Befehlen gemäße Befolgung, noch schlimme Folgen nach sich führt. Oder meint man: bei der Zulassung einer angemessenen Erwiderung, würden endlose Redereien und Raisonniren eintreten? Nun, wenigstens das sogenannte stille oder Inwendigraisonniren, das bei dem Gesetze des unbedingten Gehorsams, im höchsten Maaße statt findet; würde mit seinen viel schlimmeren, die Disciplin untergrabenden Folgen, weit seltener statt finden. — Zunächst freilich wird dem Vorgesetzten die schwierige Aufgabe: daß er, dem Untergebenen gegenüber auch im Dienste eine Stufe wahrer sittlicher Bildung einnehmen muß, und es durch eine, sich erworbene Autorität dahin bringt, daß ihm kein Untergebener dort zu widersprechen auch nur Veranlassung findet, wo Widerspruch von selbst wegfallen muß, nämlich bei Gelegenheit der Waffen-Uebungen, bei welchen eine, dennoch etwa gemachte unbegründete Einwendung, auch stärker zu bestrafen wäre als sonst, und wo einem wiederholt gegebenen Befehle, selbst bei verschiedener Ansicht, stets

Folge zu leisten ist, sobald es sich um die Ausführung einer Sache handelt, bei welcher die Sittlichkeit überhaupt nicht direkt zur Sprache kommt. In allen übrigen Dienstverhältnissen, darf einer angemessenen Entgegnung da, wo die Zeit sie gestattet, nur durch Belehrung, oder wo Gefahr im Verzuge ist, durch wohlwollendes Hinweisen auf gehöriges vorläufiges Schweigen, zu begegnen sein. — Uebliche Redensarten, begleitet von oft mehr als leeren Belehrungen und Verweisen zum Schweigen, die nur erbittern und den Vorgesetzten in seinem ihm nothwendigen Ansehen herabsetzen, würden alsdann immer mehr verschwinden oder zu seltenen Ausnahmen, und der Excesse so manche vermieden werden, die gegenwärtig vorfallen, wo der oft sehr gereizte Untergebene widerspricht oder sich verantwortet. — Daß jener richtigere Zustand des Verhältnisses zwischen Befehlen und Gehorchen, nur bei einer zunehmenden sittlichen Ausbildung auch der Untergebenen, zum Heile des Kriegerstandes Eingang finden kann, geben wir gern zu; aber durch Bestimmungen den Anfang hierzu zu machen, erscheint bereits zulässig; und, wären auch hier die Vorgesetzten wahre Lehrer der Untergebenen, — die schönsten sittlichen Erfolge würden sich bald zeigen. Die Grundzüge der Bestimmungen, einen solchen sittlicheren Zustand auch gesetzlich zu ordnen, würden folgende sein. Das Gesetz des (bedingten) Gehorsams, gegebenen Befehlen zu folgen, stehe voran. Wer einem gegebenen Befehle Folge leistet, — es sei denn, daß derselbe etwas verlange, was sofort als Böses einleuchten muß, — ist für die Folgen des Befehls nicht verantwortlich, sobald die Ausführung dem Befehle und den Gesetzen über die gewählten Mittel, entspricht. — Wer unter den mehrfach genannten Umständen, nicht zu folgen sich gedrungen fühlt, unterliegt strenger Verantwortlichkeit; die Untersuchung ist, den Umständen gemäß, möglichst kurz zu führen. Ist die Rechtfertigung gelungen, so darf keine Rüge oder Strafe erfolgen, die aber gegentheils strenge ausfallen muß. Auch ist ein Unterschied zu machen: ob die Entgegnung oder Nichtbefolgung bei Gelegenheit des Waffendienstes (also: vor der Front), vor versammeltem Kriegsvolk, oder im sonstigen Dienste (nach der im vorigen Abschnitte gemachten Trennung) erfolgt ist. Dann ist hier der Friedenszustand, von dem Kriegszustande wol zu unterscheiden; hierüber später noch Näheres. — Im Wiederholungsfalle des Unrechts, ist die Strafe bedeutend zu verschärfen. — Durch solche Bestimmungen, würde der bloßen verderblichen Neigung zum Widersprechen oder einem Befehle Zuwiderhandeln, vorgebeugt werden. Wir haben die feste Ueberzeugung, daß hierdurch eine, für den Dienst ersprießlichere Subordination Eingang gewinnen, und ein freier Gehorsam, wie er, gegenüber der Nothwendigkeit, allein dem sittlichen Krieger geziemt; an die Stelle eines unbedingten treten würde, welcher die Disciplin und die Sittlichkeit in der That mehr untergräbt und größere Uebel erzeugt, als man es zu ahnen scheint! —

Zur Handhabung der Disciplin dient erforderlichen Falls: das Gesetz, jenes Gesetz, welches man auch wol allgemein: das bürgerliche zu nennen pflegt, um es vom Sittengesetze und Naturgesetze zu unterscheiden. Haben wir nun auch die Ueberzeugung, daß bei tieferem Erkennen der göttlichen Gesetze, keine Trennung unter den zuletzt genannten Gesetzen statt findet, und daß das bürgerliche Gesetz nur aus den höchsten Gesetzen herzuleiten ist; so müssen wir uns doch hier, wo keine reine Sittenlehre zu schreiben ist, sofort zum bürgerlichen Gesetze wenden, wie es der Sünde

Sold ist, und wie es nur in dem Maaße eine immer höhere Gestaltung gewinnen kann, als auch zugleich die Sittlichkeit gefördert wird, bis es bei zunehmender Vervollkommnung der Menschheit, immer mehr den geschriebenen Gesetzbüchern entrückt, und der lebendigen öffentlichen Sittlichkeit weichen muß. —

Daß der Kriegerstand noch besondere Gesetze haben muß, die aber, auch selbst nicht durch geheime Bestimmungen, entgegen den allgemeineren Landesgesetzen sein dürfen; können wir als zugegeben ansehen. Keine besondere Vereinigung im Staate, selbst nicht eine kleinere Gesellschaft, kann ohne eigenthümliche Gesetze bestehen. — Wären aber diese nicht in Uebereinstimmung mit den bürgerlichen Gesetzen, so würde die besondere Vereinigung (Stand, Gesellschaft) auch kein sittlich lebendiges Glied des Staates sein. —

Wie weit nun die vorhandenen Kriegsgesetze solcher Anforderung entsprechen; ergiebt sich aus einer Betrachtung derselben in jedem einzelnen Falle. — Sofern der Krieger gegen allgemeine Landesgesetze fehlt, kann es auch nur als das Richtige erkannt werden, wenn er den Gesetzen des Landes und nicht den speziellen Kriegsgesetzen verfällt. Dieser Behauptung steht nicht entgegen: daß auch ein Theil dieser Vergehen durch einen eigenen Gerichtsstand, der dem Krieger sowol im Frieden als im Kriege nöthig ist, entschieden, auch in entsprechenden Fällen die Strafe in eine, den Verhältnissen des Kriegers angemessene Strafe, umgewandelt wird. Daß die gegenwärtige Organisation des Kriegsgerichtsstandes, in irgend einem Heere, die sittlich richtige ist; muß bestritten werden. — Wir finden hier ein reiches Feld der Betrachtungen, können aber doch nur für den vorliegenden Zweck, in Nachstehendem auf unsere Behauptung näher eingehen.

Die Kriegs-Artikel, zeigen sie auch ihrem Geiste nach in manchen Heeren, unverkennbar eine edle Richtung und nicht geringe Spuren des Fortschrittes auf dem Wege der Menschlichkeit, gegen frühere Kriegsgesetze; so gehen sie doch in den Strafen, oft über die sittlich zu rechtfertigende Grenze hinaus. Von den Forderungen an den Gehorsam, haben wir bereits gesprochen; die anderen Forderungen zu beleuchten, kann hier unterbleiben. — In Betrachtung der Strafen, kommen wir auf einen der wichtigsten Punkte im Gebiete unserer Betrachtungen. Wir geben zu: sie müssen sein, so lange die Menschheit noch auf dem gegenwärtigen mangelhaften Standpunkte sittlicher Bildung ist. Kann man auch schon jetzt in vielen Fällen, von der Menschheit und dem einzelnen Menschen nicht hoch genug denken; so lehrt die Erfahrung auch leider die Zuläſſigkeit des Gegentheils, in gar vielen Fällen. — Aber wozu dienen die Strafen? — Noch sind die Sittenlehrer hierüber selbst nicht einig. Sind sie ein Lohn für die That? sollen sie vom Begehen des Verbotenen abhalten, abschrecken und Warnungen sein? sollen sie den Bestraften bessern? — Offenbar Alles dies, unter Umständen einzeln oder auch wol zusammen; — und doch erreichen sie, wie die Erfahrung lehrt, oft auch nicht einen dieser Zwecke. —

Woher dies? Wir meinen: weil sie selten dem besonderen Vergehen und der Person entsprechend, im Gesetze bestimmt sind. — Vielleicht ist die oft gepriesene Konsequenz nirgend weniger richtig angebracht, als beim Strafverfahren; die schrecklichsten Erfolge ergeben sich oft aus ihrer unrichtigen Anwendung, so wie aus der gepriesenen Gerechtigkeit beim Strafverfahren! Gerechtigkeit zu üben ist eine Tugend, wenn dies auf eine Art geschieht, welche den sittlichen Forderungen genügt. Bei der Entscheidung über das: Mein und Dein; sei nach den Bestimmungen des Gesetzes, die Gerechtigkeit blind, d. h. frei von der Persönlichkeit der Parteien und des Richters; — bei der Festsetzung einer Strafe aber, sei die Gerechtigkeit eine hellsehende, so viel wie die geistige Natur des schwachen Menschen dies vermag, und stets sei sie verbunden mit der Billigkeit. Wenn beim Strafen nicht die Liebe waltet, die, fern von einer zu tadelnden Schwäche, dennoch erfüllt mit wahrer Milde ist; so sind Mißgriffe unerläßlich, beim nachsichtslosen Strafen nach der Strenge des Gesetzes! — Wir sind fern von dem Walten der Willkühr oder gar einer Laune beim Strafen; aber wir verlangen neben der richtigen Erkenntniß des vorliegenden Falles, bei jedem Strafenden, sei er ein Einzelner oder ein Gerichtshof, vor Allem: eigene Sittlichkeit und eine oft vermißte: Menschenkenntniß. — Als ganz angemessen finden wir sittlich zulässig: die Trennung der Disciplinar-Strafen von den gerichtlichen; wir billigen auch vollständig vom höheren Standpunkte aus: die allmählige Erweiterung der Disciplinar-Gewalt, bei fortschreitender Bildung aller Vorgesetzten, welchen ein, nicht hoch genug anzuschlagendes Strafrecht, anvertraut wird, ohne daß wir deshalb meinen: daß nach und nach alles Strafrecht, der Disciplinargewalt übertragen werden soll. Auch ist bei Handhabung dieser letztern wol zu beachten, daß, da Niemand Richter in eigner Sache gegen einen Andern sein darf, auch ein Vorgesetzter in dem Fall eigentlich gar kein Strafrecht ausüben sollte, wenn gegen ihn persönlich ein Vergehen begangen wird. — Aber, je wichtiger für den ganzen sittlichen Zustand der Untergebenen, — und ein Untergebener in diesem Sinne ist ein Jeder, ausgenommen: das Oberhaupt des Staats — die richtige Handhabung der Disciplinar-Gewalt ist; um so größer wird die Verantwortlichkeit dessen, dem sie anvertraut wird. — Hiernach mag jeder Vorgesetzte sich prüfen: ob er mit den von ihm angewandten Disciplinarstrafen, vor seinem Gewissen bestehen kann; ob er nicht rücksichtslos, unbillig, übereilt, oder in einer Gemüthsbewegung, wie sie niemals beim Strafen vorhanden sein sollte, strafte; ob er nicht bloß streng und ohne genaue Prüfung des vorliegenden Falls, oder gar in übler Laune die Strafe verfügte, und ob er auch erkannt hat, wie leicht eine, selbst dem geschriebenen Gesetze nach gerechte Strafe, oft die verderblichsten Folgen hat. — Wie mancher gute Soldat ist durch unrichtige (wir sagen hier nicht: ungerechte) Strafen schon erbittert und verdorben worden! Vor Allem besinne man sich: bei Bestimmung der ersten Strafe des zu Strafenden. Sie kann das ganze sittliche Leben des Gestraften brechen; und wirklich, es ist ein Wunder, daß dies nicht öfter, zumal in Folge von solchen Strafen geschieht, die kränkend oder gar ehrenrührig sind, wobei wir noch gar nicht von entehrenden Strafen sprechen. Sollten Vorgesetzte meinen: daß ein streng sittliches Verfahren beim Strafen, laut Erfahrungen als unzulässig und unausführbar erscheine; so müssen wir bedauern, daß auch sie nicht tröstlichere Erfahrungen gemacht haben, die Andere doch machten. — Was nun solche Strafen betrifft, welche die militairischen Gerichtshöfe (Stand- und Kriegs-Gerichte) erkennen; so wollen wir hier nicht die strengeren Strafen, als Festungsstrafe u. dergl. für gewisse Vergehen gegen die Subordination herausheben; sondern die sogenannten entehrenden Strafen, die natürlich der Macht der Disciplinar-Gewalt ganz entrückt sind, sollen später näher betrachtet werden. — Es ist gewiß in der Ordnung, daß entehrende Vergehen auch mit entehrenden Strafen belegt werden; doch hüte man sich wol, ein Vergehen für ein entehrendes anzusehen, das oft nur von leichtsinnigen oder von unzurechnungsfähigen Menschen begangen, als eine Uebereilung anzusehen ist. Bei Strafen dieser Art, ist die neuere Gesetzgebung im Allgemeinen richtig vorgeschritten. Bei ihnen ganz besonders, ist der spezielle Fall und die ganze Persönlichkeit des Angeklagten, scharf in's Auge zu fassen. Die erste entehrende Strafe, bricht fast immer die ganze sittliche Existenz des Gestraften; selten, daß Letzterer Kraft genug hat, sich aus ihren Folgen wieder aufzurichten; und es müßte doch bereits eine tiefe Verworfenheit des Fehlenden dazu gehören, wenn jene Strafe schon sein erstes Vergehen treffen dürfte. Zweckmäßige Strafen, die zugleich zu einer Einsicht des Vergehens, zur Reue und Besserung führen, würden oft die traurigen Folgen, wie wir sie namentlich bei Rückfällen auch im Kriegerstande finden, ablenken. — Wie nun aber vor dem Gesetze, vor dem Richter, wo doch die Disciplinargewalt nicht mehr statt findet, die Schuld nach der Persönlichkeit des Fehlenden zu ermessen sei; ist in dem Institute der Geschworenen zu finden, das sich gerade hier von seiner glänzendsten Seite zeigen kann, um so mehr, wenn die Geschworenen die Kameraden, und nun gar auch noch die Richter des zu Strafenden sind. Hiernach müßten freilich die Militairgerichte noch manche andere Einrichtung haben; namentlich müßten die Mitglieder derselben nicht blos eine Stimme, sondern auch eine Meinung, und das Recht zu gemeinschaftlich auszutauschenden Aeußerungen über das

Vergehen und die Person des zu Strafenden haben, was jetzt so gut als gar nicht der Fall ist; ja selbst der Vorsitzende (Präses) hat — dienstliche Fälle ausgenommen — nicht einmal das Recht, des Auditeurs Ansicht und Ausspruch, vor dem Kriegsgerichte als richtig zu bezweifeln; er müßte denn dies in geeigneten Fällen, mittelbar in ganz erlaubten Grenzen, zu thun wissen. — Sollten die Kriegs- und Stand-Gerichte einen hohen sittlichen Werth haben, — und dies könnte im vollsten Maaße statt finden — so müßte unter der Leitung des Vorsitzenden, auch eine Besprechung aller Beisitzer über den Gegenstand des Vergehens stattfinden, und der Auditeur, außer: der Darsteller der Angelegenheit, nur der gesetzeskundige Beistand des Gerichts, aber ohne Einfluß auf dessen Ausspruch sein. Ein solches mündiges Gericht schon jetzt zum Gesetze zu erheben, kann bei der bereits erlangten sittlichen Bildung der Krieger, welche zu Beisitzern und Richtern des Gerichts gelangen, mittelst einiger leicht zu machenden Bestimmungen, keine Schwierigkeit haben. Auch die Art der Vereidigung des Kriegsgerichts ist, in vielen Fällen, eine gar nicht angemessene. Das Umstoßen des Ausspruchs eines Gerichts, müßte nur durch ein richterliches Erkenntniß erfolgen dürfen, und in bestimmten Fällen eine Appellation erlaubt sein; während das Begnadigungsrecht: der schönste Juwel in der Krone des Herrschers, auch nur diesem zuzueignen ist. Ein Milderungsrecht in bestimmten Grenzen, unter Angabe der Gründe, dürfte auch einem höheren Vorgesetzten, jedoch nicht dem sogenannten Gerichtsherrn zugestanden werden. Durch die Angabe der Milderungsgründe, unterscheidet sich ein solches Recht, wesentlich vom Begnadigungsrechte.

Aber auch die Art der Strafen, als ein wesentlicher Theil der Disciplin, ist der Beurtheilung in sittlicher Hinsicht unterworfen. — Es ist bereits erwähnt, daß Vergehen, die nicht rein militairischer Natur sind, besonders aber dann, wenn sie auch nicht im Dienste begangen sind, nach dem üblichen bürgerlichen Gesetzbuche bestraft werden sollten, sei es auch immerhin in den geeigneten Fällen durch die Militairgerichte und durch eine entsprechende, dem Kriegerstande angemessene Strafumwandlung. — Größere Dienstvergehen, unterliegen mit Recht nicht mehr der Disciplinar-Strafgewalt. Auch sie dürfen, selbst in den äußersten Fällen, mit Ausnahme der Desertion, nicht mit entehrenden Strafen belegt werden. Erkennen auch wir die sogenannte Todesstrafe (mit Unrecht wird ihr jedoch die Benennung: Strafe, beigelegt) für die strengste Strafe an, welche der weltliche Richter verhängen kann; und sind wir der Ansicht: daß leider diese Strafe noch nicht ganz aus den Gesetzbüchern sich streichen läßt; so können wir sie doch nur da gegen den Krieger zu vollziehen noch als erlaubt anerkennen, wo das bürgerliche Gesetzbuch sie auch ausspricht; wir können sie aber nicht als sittlich zulässig erkennen für Dienstvergehen, seien diese auch von der stärksten Art. Solche Vergehen, — in der Regel die Folge von Anreizungen und Aufregungen — nach welchen jene Strafe, laut den in den Armeen noch üblichen Gesetzen: zur Aufrechthaltung der Disciplin und der Autorität, ausgesprochen wird; werden bei zunehmender Sittlichkeit der Krieger, immer seltener werden; auch wird jene höchste Strafe wol nur selten exekutirt. Was an ihre Stelle zu setzen sei, gehört vorzuschlagen nicht hier her. Ob sie während des Krieges, für gewisse Dienstvergehen noch beizubehalten sei; läßt sich dahin entscheiden:

daß während des außerordentlichen Kriegeszustandes, auch Umstände zu außerordentlichen Maaßregeln berechtigen.

Wir wenden uns nun speciell zur Betrachtung der entehrenden Strafen; sie sind die strengsten, welche das Gesetz aussprechen sollte. Im Allgemeinen haben wir uns schon vorhin über ihre Einwirkung auf die Gestraften geäußert. — Wir rechnen zu diesen Strafen zuerst die Körperstrafe, sobald der Richter sie nach dem äußeren Gesetze verhängt, nicht also: sofern sie in einer väterlichen Gewalt gegen Unmündige, unter Umständen ihr natürliches Recht hat. Wir sind der Ansicht: daß der richterliche Ausspruch einer Körperstrafe, unter bestimmten Bedingungen, sich sittlich rechtfertigen läßt, wenn uns auch die entgegengesetzte Ansicht bekannt ist. Doch müssen die Vergehen alsdann nicht nur an sich entehrender Natur sein, sondern auch von einem schon sittlich verdorbenen Menschen begangen werden; daher sie auch wol nur selten, als Strafe für ein erstes Vergehen auszusprechen ist. Der Krieger, welcher sie unter jener Voraussetzung nach gesetzlichem Erkenntnisse erleidet, müßte aber nie wieder in den Stand zurück treten dürfen, der kein entehrtes Mitglied, bis zum Geringsten herab, unter sich dulden darf. Wie es hiernach vom sittlichen Standpunkte zu beurtheilen sei, nicht blos, wenn ein so bestrafter Krieger unter seinen Kameraden bleibt, sondern wol gar von Truppentheilen, die ihn unter sich nicht mehr dulden mögen, bestimmungsmäßig zu anderen vorwurfsfreien Truppen versetzt wird; — spricht offenbar sogleich für sich. Aber auch die schlimmen Folgen bleiben hierbei nicht aus, namentlich in der Verderbniß der schwachen, oft bis zu der Bekanntschaft mit solchen Versetzten, noch unverdorbenen Kameraden! — Hätten wir doch diesen dunkeln Fleck hier ganz übergehen können! — Wie einfach und zweckmäßig wäre es, alle mit entehrenden Strafen behafteten Individuen, in besondere Arbeiter-Abtheilungen in den Festungen, zu vereinigen, woselbst die Gestraften, unter gehöriger Absonderung, strenger Disciplin und doch väterlicher Fürsorge für ihre sittliche Wiedererhebung, für welche kein Mensch ganz verloren geht, die doppelte oder den Umständen nach mehrfache noch zu leistende Dienstzeit, bei den Festungsbauten abzuarbeiten hätten. Dies scheint uns auch die angemessene Strafe für Deserteure; ihr Rücktritt in den Dienst, sollte nicht statt finden.

Die Versetzung durch richterliches Erkenntniß in eine besondere Klasse des Soldatenstandes, sei es für größere Dienstvergehen oder geringere Verbrechen, um in solcher Abtheilung, jedoch ohne eigentliche Absonderung von den Kameraden, einer besonderen Strafbehandlung zu unterliegen, und zugleich während einer gewissen Zeitdauer den Verlust äußerlicher und bürgerlicher Ehrenrechte zu erdulden; erscheint gleichfalls für den Krieger, in sittlicher Hinsicht bedenklich, und das Ehrgefühl des unbescholtenen Kameraden, der jene Bestraften unter sich dulden muß, nicht gehörig zu achten; um so mehr, wenn unter solchen Umständen auch die Anwendung von körperlicher Züchtigung, durch die Disciplinar-Gewalt ausgesprochen werden kann. — Eine spätere, durch gute Führung auch immerhin zu erlangende Rehabilitirung, kann doch nicht zu einer Herstellung der früher eingebüßten Ehre führen, und die Erfahrung zeigt die traurigen Folgen auch dieser Strafe, häufig. — Somit bleiben für Dienstvergehen, da Geldstrafen auf keine Weise für den Krieger anwendbar sind, als Strafen nur übrig: Verweise mit mannigfaltigen Modificationen (z. B. vor Zeugen, durch Parolbefehl u. dergl.), Freiheitsstrafen

(Stubenarrest, Gefängniß mit Abstufungen bis zum Festungs-arrest), jedoch nur immer von möglichst kurzer Dauer, und Entlassung aus dem Dienste in ihren verschiedenen, schon früher erwähnten Formen; die letztere auch für nicht ehrwürdige Handlungen, welche deshalb noch keinesweges geradezu ehrlos zu sein brauchen; z. B. wenn ein Vorgesetzter seinen Untergebenen gegen unrichtige Behandlung von Seiten eines höheren Vorgesetzten, nicht geschützt oder vertheidigt hat; oder wenn er seine Person (wol gar auf Unkosten Anderer) da sicher zu stellen suchte, wo dies nicht sittlich zulässig ist; und dergl. m. — Bei Anwendung aller der zuletzt genannten Strafen, ist überall mit höchster Vorsicht zu verfahren, und das Ehrgefühl nie zu verletzen. — Wir halten es übrigens für sittlich ganz zulässig, daß innerhalb bestimmter Grenzen, in geeigneten Fällen noch ein Unterschied beim Strafen: in Hinsicht des Ranges des zu Strafenden gemacht werde. Wegen eines Uebungsfehlers sollte ein Vorgesetzter nie gestraft werden dürfen; nur Belehrung, und im geeigten Falle eine angemessene Wiederholung des fehlerhaft Ausgeführten, müßte in solchem Falle stattfinden, während sich für den Gemeinen auch Nachübungen als Strafe für Uebungsfehler wol eignen. Selbst ein Strafdienst, so ungeeignet diese Bezeichnung auch an sich ist, ist unter Umständen für den Gemeinen eine angemessene Strafe; ihre Anwendung gegen Vorgesetzte, selbst von niederem Range, ist aber stets ungeeignet. — Jede gegen einen Vorgesetzten ausgesprochene Disciplinarstrafe, müßte nach ihrer Verhängung dem höheren Vorgesetzten gemeldet werden; ja es müßte die sofortige Antretung einer solchen Strafe, nur unter bestimmten Umständen zu verhängen zulässig sein, nämlich dann: wenn der strafende Vorgesetzte bei Verzögerung der Strafe

Gefahr erkennt, oder wenn er den moralischen Eindruck auf die sonst noch Gegenwärtigen, für entscheidend hält; jedoch stets unter einer besonderen Verantwortung solcher sofortigen Verhängung. Dem Untergebenen müßte es, bei strenger Beweisführung seines Rechts dazu, unter Umständen zugestanden sein, gegen eine verhängte Disciplinarstrafe vor dem Antritt derselben, sich zu verwahren; ja, er müßte selbst nicht unbedingt verbunden sein, sie anzutreten, sobald er die ungerechte oder ungeeignete Verhängung beweisen kann. Gelingt ihm dies nicht, so würde ihm natürlich eine ungleich härtere Strafe zuerkannt werden. Wie die Sache jetzt steht, kann die ungerecht erlittene Strafe dem Gestraften doch nicht wieder abgenommen werden, wenn auch das Unrecht später erkannt, und der ungerecht strafende Vorgesetzte selbst bestraft wird. — Wir sehen die Entgegnungen gegen solche Aufstellungen im Voraus, sind uns aber klar bewußt, daß sich auf jene Weise mit sittlichen Untergebenen, leicht fertig werden, und die Disciplin hierbei streng aufrecht erhalten läßt. So manche Befangenheit im Dienste und hiermit verbundene nachtheilige Folgen für die Disciplin, würden dann für die Untergebenen immer mehr verschwinden. — Bei der gegenwärtigen Bildung des Kriegers, läßt sich ein solches Verfahren auch bereits zum Gesetz erheben.

Noch ist in einigen Armeen: die Degradation als Strafe üblich. Sie erscheint als Ehrenstrafe sittlich nicht zulässig; und da, wo ein reges Ehrgefühl in der Mehrzahl der Vorgesetzten in der Armee vorwaltet, ist sie auch wol nicht vorhanden. Selbst gegen niedere Vorgesetzte, z. B. Unteroffiziere. Sollte sie nicht mehr vorkommen. — Etwas Anderes aber ist es, wenn ein, aus nicht entehrenden Gründen entlassener Vorgesetzter, freiwillig als Gemeiner bei Truppen, entfernt von jenen, bei welchen er bisher diente, eintreten und sich wieder empor arbeiten will. Wenn auch nur dem Monarchen, für dergleichen außerordentliche Fälle die Erlaubniß zu geben, zugeeignet werden kann; so möchte in der Regel ein solcher Wiedereintritt, kein Nachtheil für die Disciplin sein, und vielmehr dem Kriegerstande hierdurch ein brauchbares Mitglied wieder zugeführt werden.

Man hört oft die Behauptung: In der Handhabung der Disciplin müsse mit *Konsequenz* und *Energie* verfahren werden. Wir wollen prüfen, in wiefern Sittlichkeit in diesem Ausspruche liegt. — Soll Konsequenz nur so viel heißen als: *Folgerichtigkeit*; so versteht es sich ohne Weiteres von selbst, daß das Handeln dem vorliegenden Falle, das Mittel dem Zwecke folgerecht entsprechen müsse; dies sind unbestrittene Grundforderungen alles vernünftigen und sittlichen Thuns. Aber man versteht häufig unter Konsequenz, — welche ein unbedingtes Erforderniß strenger Wissenschaft ist — ein selbstgemachtes System des Zusammenhanges unter allem Handeln, wie es aufzustellen wol das Ziel der Sittenlehre, das Ideal sein, nie aber, auch nur für ein besonderes Lebensgebiet festzuhalten ist; denn hier wirken unaufhörlich Elemente aus andern Lebensthätigkeiten, die sich vorher doch nicht in ein Schema einschließen und zu unverbrüchlichen Regeln einengen lassen; wonach dann der, welcher meint: *konsequent* handeln zu müssen, häufig in die mannigfaltigsten Widersprüche kommt. Viele traurige Beispiele von solcher übel angebrachten Konsequenz im Handeln, namentlich beim Strafen, könnten hier angeführt werden! An die Stelle solcher Konsequenz trete lieber eine tiefe Erkenntniß der sittlichen Forderungen, eine tüchtige Gesinnung und eine Fertigkeit in jedem besonderen Falle, auch das Richtige mit klarem Blicke zu erkennen und zu erfassen, im Rathe wie in der That. — Was aber die Energie betrifft, so wird sie häufig mit Strenge als gleichbedeutend erachtet. Ueber letztere haben wir uns bereits früher geäußert; sie möge da angebracht werden, wo man keine andere Behandlung verlangt. — Aber die Energie, welche überall gehandhabt werden sollte und ganz sittlicher Natur ist, besteht in der unerschütterlichen Ausführung mit Entschlossenheit des als sittlich Erkannten, verbunden mit der Fähigkeit: die anerkannten Mittel auch in ihrem richtigen, und nöthigenfalls stärksten Maaße zur Anwendung zu bringen, so wie mit Unerschrockenheit; und ist es erforderlich: mit eigener Aufopferung das Erkannte durchzuführen. Es ist also die Besonnenheit auch hier ein wesentlicher Theil der Energie. In dem sogenannten: Handeln in der Hitze, wenn auch sonst Kopf und Herz auf dem rechten Flecke ist, fehlt die Gemüthsruhe, und echte Energie ist hier nicht vorhanden. Die Folgen eines übereilten Handelns zeigen sich jedesmal in einem, wenn auch oft nur schweigenden Widerstande von Seiten der Untergebenen; die echte Disciplin leidet jedenfalls darunter, und ein Wiedergutmachen ist ein schwacher Ersatz. — Die Einwirkung des Temperaments des Vorgesetzten läßt sich, wie bei keinem Menschen ganz verleugnen; aber sie zu beherrschen und in ihren richtigen Grenzen walten zu lassen, ist eine Forderung der Sittlichkeit. — Wol giebt es außerordentliche Fälle, für welche sich keine spezielle Gesetze und Vorschriften des Handelns im Voraus geben lassen, und bei deren Vorkommen das Gemüth bewegter ist, als in gewöhnlichen Fällen. Hier wird es von der ganzen sittlichen Bildung eines, nicht schon durch frühere Unterdrückung eingeschüchterten Vorgesetzten, abhängen, welche außerordentliche Mittel er anzuwenden für geeignet hält. Aber dann tritt auch eine außerordentliche Beurtheilung seines Handelns ein, und das geschriebene Gesetz reicht nicht mehr zum Messen solches Handelns aus. — Wir wollen hier nicht erst auf bestimmte Kriegsfälle hindeuten, auch nicht etwa auf die Unterdrückung eines Complotts oder einer Meuterei; sondern in den Friedensverhältnissen kommen wol Jedem solche außerordentliche Fälle vor. Leider sieht man hier zuweilen Schwäche, ja wol selbst Furcht vor dem sofortigen Einschreiten mit Anwendung der erlaubten energischen Mittel, vorwalten. Wie oft versteckt sich Mangel an Muth, alsdann selbst hinter das Gesetz; nur sich selbst in Nummersicher setzen, was auch für Andere daraus werde; selbst wenn man das Recht durch Unrecht unterdrücken müßte, damit nur nichts zur Oeffentlichkeit gelange, was Verdruß bereiten könne; nur keine Verantwortung übernehmen u. dgl. mehr. Ist dies nicht das Bild, wenn auch in seltenen Fällen, selbst mancher Vorgesetzten die vor dem Feinde keine Furcht kannten? — Wie weit in der Tapferkeit des Handelns, auch außerhalb der Schlacht, der Krieger gelangt ist, ist kein geringer Beitrag zum Maaße seiner Sittlichkeit. In solchen bedenklichen Fällen ist vor Allem zu zeigen, worin wahre Ehre und Energie besteht, und wie echte Disciplin zu handhaben ist. — Aber, sind nicht die genannten traurigen Erscheinungen eine unmittelbare Folge des Gesetzes: der unbedingten Unterordnung unter die Befehle des Vorgesetzten? Muß nicht hierdurch eine wahre Selbstständigkeit, eine Entschlossenheit, ja selbst das Nachdenken über die Befehle der Vorgesetzten, unterdrückt werden? Und wird nicht das schöne, selbst dem geringsten Krieger gesetzlich zustehende Recht der dienstlichen Beschwerde, hierdurch leicht illusorisch? —

Die Friedensübungen sollen den Krieger für den Krieg vorbereiten. Möchte doch dies in jeder geeigneten Anordnung anerkannt werden! Vieles, was man als Dienstübung ansieht, das doch nicht damit übereinstimmt, würde dann verschwinden und in Stelle dessen, die so wichtigen Felddienstübungen einen größeren Werth und richtigeren Charakter erhalten, als es gewöhnlich geschieht. Meint man aber: daß hiernach auch die Disciplin, im Frieden schon auf gleiche Weise wie im Kriege, gehandhabt werden müsse, demnach auch dieselbe oft rücksichtslose Strenge, die der Krieg in außerordentlichen Fällen gebietet, vorwalten müsse; so liegt hierin viel Unrichtiges. Denn die Friedensübungen haben der Natur der Sache gemäß, viel an sich, was nimmermehr ein Bild des wahren Krieges sein kann. Was aber im Frieden nicht genug geübt werden kann, indem es sowol für die Disciplin, als für die dereinstige Anwendung im Kriege von größter Wichtigkeit wird, ist: Das richtige schnelle Eingreifen der Untergebenen in die Anordnungen der Vorgesetzten. — Dies ist allerdings auch ein schwieriger Punkt, und setzt eine sehr sittliche Bildung der Vorgesetzten und der Untergebenen voraus, weil hier eine Vereinigung zwischen Gehorsam und Selbstthätigkeit nöthig ist, wie sie nur durch viele Uebung bei richtiger Belehrung von Oben und williger Hingebung von Unten her, schwerlich aber bei Durchführung der herrschenden Ansicht über die Subordination, möglich ist. Welche Inkonsequenz liegt darin, wenn ein Vorgesetzter, gerade wie es ihm paßt, einmal sagt: „Thun Sie nur was Ihnen befohlen wird“ und dann fast in demselben Athem hinterher: „Aber warum haben Sie denn hier nicht in meine Ideen eingegriffen!“ — Der Widerspruch in solchen und hundert anderen Aussprüchen, verbunden mit den schon genannten nicht sittlich zu billigenden Ansichten über die Subordination, untergräbt stark die Disciplin und erzeugt so manche Excesse! Und wie nun gar in solchen Fällen, wo die Befehle mehrerer Vorgesetzten über denselben Gegenstand, nicht mit einander zu vereinigen sind? Wenn hier nicht einmal eine bescheidene Entgegnung, oder Bitte um Belehrung erlaubt sein soll? — Und wie soll man mit der Sittlichkeit wol den Ausspruch mancher Vorgesetzten vereinigen: „Zuerst muß der Soldat den Vorgesetzten fürchten und dann erst ihn lieben lernen." Wie nur ein Mensch verlangen kann, daß ein Anderer ihn fürchten soll; und nun gar ein Soldat! — Wie viele Augendienerei und Verderbniß wahrer Sittlichkeit, die nothwendig damit zusammenhängt, erzeugen solche und noch andere Lehren!

Wir wenden uns zum Schlusse noch zu dem dunkelsten Punkte in der Handhabung der Disciplin. Dies ist: das geheime Konduitenwesen. — Die Zukunft des Kriegers, zunächst in militairischer Hinsicht, hängt mehr oder weniger von den Konduiten ab, und wenige Offiziere, von deren Konduiten wir hier speciell reden, werden sich über die möglichen Erfolge, welche ihnen durch dieselben im Geheimen bereitet werden, sittlich so zu erheben wissen, daß sie für ihr Handeln sich von den Einflüssen derselben für ihre Zukunft, nicht berühren lassen, und trotz derselben ihren Weg, nur von reinen Bewegungsgründen geleitet, fortgehen. — Die größte Zahl der Offiziere, wenn nicht noch besondere Verhältnisse oder persönliche Talente sie darüber weg sehen lassen, sieht mit Spannung, also nicht mit gehöriger Gemüthsruhe auf die Konduiten hin, und wir machen ihnen dies nicht geradezu zum Vorwurf. — Wenn sie aber ihren Wandel so vor den Augen der Welt und der Vorgesetzten einrichten, daß die Konduite möglichst gut ausfalle; so ist ihnen dies gewiß nicht mehr sittlich nachzusehen. — Welchem Treiben, welcher Augendienerei, welchen Einschmeichelungen und unsittlichem Handeln, muß hierdurch der Weg geöffnet werden! Wie viel Gutes, selbst Edles muß hierdurch unterdrückt werden, oder kommt gar nicht erst zur Anregung! — Zeugnisse über die Untergebenen, müssen gegeben werden und Keiner kann sich ihnen entziehen; ja selbst die Untergebenen geben solche mittelbar auch ihren Vorgesetzten, und oft sehr richtig; möchte man diese nur in geeigneten Fällen auch beachten. — Aber es sind die heimlich geführten Zeugnisse, welche zu jenen unsittlichen Erfolgen führen. Und sind denn die Vorgesetzten, welche die Konduiten geben, nicht gleich ihren Untergebenen: schwache fehlerhafte Menschen, welche ihre eigene Persönlichkeit hierbei leicht einfließen lassen; zumal sie doch ohne besondere Verantwortung in den Konduiten sagen können, was sie wollen, wenn sie es nur gehörig einzukleiden wissen. Wir setzen gern voraus, daß die meisten Vorgesetzten beim Niederschreiben der Konduiten ihrem besten Wissen und Gewissen folgen; aber wie schwierig ist es, auch selbst den Ausdruck nur so zu finden, daß die höheren Behörden das Niedergeschriebene nicht mißverstehen. Wie oft kann ein einziges, nicht richtig gewähltes oder zweideutiges Wort, eine Sprachwendung, eine mehr als gebührend hervorgehobene oder eine übersehene Eigenschaft des Untergebenen, in den Konduiten zu einem völligen Mißverstehen und den übelsten Folgen führen. — Und, giebt es denn solcher gesinnungsvollen Vorgesetzten viele, welche den Untergebenen auch dann gebührend anerkennen und es in den geheimen Konduiten aussprechen werden, wenn die Eigenthümlichkeit desselben der ihrigen entgegengesetzt ist, sie aber die Sittlichkeit und Tüchtigkeit desselben, und hiernach seine Brauchbarkeit anzuerkennen und diese rühmend heraus zu heben, sich verpflichtet fühlen sollten? Vom sogenannten: Wegloben der nicht gern gesehenen Untergebenen, hat man wol öfter gehört; aber auch oft vom Gegentheile? — Meint man aber: daß ja doch die höheren Vorgesetzten die Kontrolle über die Konduiten, und auch ihr eigenes Zeugniß dem ihres Untergebenen beizufügen haben; so täuscht man sich, durch dieses Mittel den unrichtigen Konduiten zu begegnen. — Wenige Fälle ausgenommen, kennt doch nur der unmittelbare Vorgesetzte seinen Untergebenen so, daß er ein, menschlicherweise richtiges Zeugniß über ihn abgeben kann, und dies auch nur dann, wenn er in beständigen Verhältnissen mit ihm lebt; nicht aber, wenn er ihn im Jahre einmal oder ein paar Mal auf kurze Zeit sieht, wie dies so vielfach durch Lokalverhältnisse bedingt, auch nicht anders sein kann. — Was man aber durch Andere über die Untergebenen hört, ist ja oft so unzuverlässig, wenn wir auch gar nicht weiter auf die, alle Sittlichkeit untergrabenden Klatschereien, Hinterbringungen, mündlich und schriftlich, ja wie oft auch Verläumdungen, — hier blicken wollen! Was bleibt da dem höheren Vorgesetzten, der sein eigenes Zeugniß nun noch hinzufügen soll, übrig? In den meisten Fällen wird ein: „Einverstanden“, daneben gesetzt werden, also eine Bestätigung des vielleicht sehr mangelhaften vorstehenden Urtheils. Und wie oft wird denn ein höherer Vorgesetzter, dem Urtheile des ihm Untergebenen, entgegen treten? — Wie ist es z. B. nur möglich, daß ein Divisions-Kommandeur, sei er auch der redlichste, wohlwollendste, gebildeteste Mann, allen ihm untergebenen Offizieren, oder selbst nur den meisten von ihnen, eine richtige Konduite geben kann; mag er sich selbst auch keiner Unwahrheit dabei bewußt sein. Er ist ja geradezu genöthigt, auf, wenn auch nur legales Hörensagen, einzugehen, da, wo ihm die Möglichkeit eigener gründlicher Beobachtung fehlt. Und wie viele tiefe Menschenkenner giebt es denn, die sich aus oft widersprechenden Urtheilen über Menschen, zurecht finden können? oder die mit echter Kritik hier das Richtige heraus finden werden? — Aber wir wiederholen es nochmal: das tiefe Uebel liegt allein in dem Geheimen der Konduiten. — Sollte man entgegnen: daß es unmöglich sei, den Untergebenen ihre Konduiten zu zeigen, wegen der daraus möglicher Weise entstehenden Folgen, oder auch wol wegen der Ortsentfernung eines Theils der Untergebenen? Schon giebt es Vorgesetzte, und es kann nicht rühmend genug anerkannt werden, welche die Einsicht der betreffenden Konduite (von denen der Kameraden kann natürlich keine Rede sein) gestatten, und keine Nachtheile hieraus besorgen, noch erfahren haben. Sie sind sich bewußt, daß nicht nur sittliche Gründe sie bei der Niederschreibung der Konduiten leiteten; sondern sie sind auch tapfer genug: ihre Ansicht und ihren Ausspruch vor den Untergebenen zu vertreten. — Aber diese Kenntnißnahme der eigenen Konduite, muß zum Gesetz erhoben werden, erscheint dies auch in äußerer Hinsicht vielleicht nur in sofern zulässig, als sie vom nächsten oder unmittelbaren Vorgesetzten gegeben wird, während die Konduite des noch höheren Vorgesetzten, nicht in allen Fällen persönlich eingesehen werden kann. — Der Untergebene müßte die Original-Eingabe seiner Konduite, mindestens die, welche ihm sein nächster Vorgesetzter giebt, selbst lesen und mit seinem: „Gelesen" unterschreiben; einige hierbei mögliche Behinderungsfälle sind leicht zu erkennen und ihnen zu begegnen. Auch müßte eine Abschrift von ihr genommen werden dürfen. — Für die Einsicht der Konduiten der noch höheren Vorgesetzten, ließen sich auch leicht in bestimmten Fällen Vorschriften geben. — Fände der Untergebene, daß seine Konduite Dinge enthielte, die er als unrichtig zu erkennen sich gedrungen fühlt; so müßte es ihm frei stehen, sich an einen höheren Vorgesetzten um Vermittelung oder Untersuchung zu wenden, sei es durch ein Ehrengericht, ein Gericht von Sachkennern (in der praktischen Brauchbarkeit) oder durch ein Kriegsgericht. — Wenn jene Befugniß beſtände, unter strenger Verantwortung des Klagenden sobald er mit Unrecht sich beschwerte, und unter der strengsten so leicht zu bestimmenden, bei anderen Beschwerden ja schon geltenden Verpflichtung, sich nicht persönlich mit dem Vorgesetzten über die von diesem gegebene Konduite zu besprechen, — es sei denn, daß beide Theile dies auf sittlich erlaubtem Wege vorzögen; — gewiß, selten würden Beschwerden dieser Art laut werden, da von beiden Theilen große Vorsicht, wie eine solche auch sittlich bedingt ist, beobachtet werden würde. — Wie einfach erscheint dies Mittel zur Aenderung des gegenwärtigen Konduitenwesens; und was ist wol vom sittlichen und praktischen Standpunkte aus gegen unsere Ansicht zu sagen? Die Nachtheile des gegenwärtigen Zustandes in dieser Beziehung, erscheinen auch noch darin: daß der Offizier nicht nur nicht erfährt: Was über ihn gesagt ist; sondern auch nicht einmal: Wer dies gesagt hat. Wer wüßte nicht, wie bei manchen Erfolgen der Konduite, auch wol Vorgesetzte es gern von sich abwälzen möchten, daß gerade sie für die Ursache solches Erfolges gehalten werden; während auch, jedoch seltener, der entgegengesetzte Fall eintritt, nämlich: daß sie sich die guten Erfolge der Konduiten ihrer Untergebenen, zueignen möchten. —

Bedenkt man, daß jeder vom Gesetz Bestrafte vor Antritt seiner Strafe: seine Anklage, seinen Kläger und das Urtheil erfährt, — und doch fürchtet Keiner so leicht die persönliche Rache des Gestraften; — daß jeder Examinand das Urtheil seines Examinators über sich schriftlich erhält, — und doch wol selten den Letztern für etwa ungünstige Beurtheilung zur Verantwortung zieht; — daß jeder Schüler seine Censur in Händen hat, ohne die Liebe zu seinem Lehrer zu verlieren, wenn er ihn auch tadelt; — was wäre wol noch zu bedenken: wenn auch der Offizier seine Konduite erfährt! — Anerkennend muß man es loben, daß der untere Krieger bei seinem Abgange das Zeugniß über sich schriftlich eingehändigt erhält. — Wir wiederholen es auch hier nochmals: daß die besten Mittel zur Hebung eines erkannten Uebels, sich stets finden werden, weil sie sich finden müssen. — Und so werden sie sich auch für alle die Fälle finden, welche wir in unseren Betrachtungen: als nicht sittliche Zustände anzuerkennen uns gedrungen fühlten, — sobald diese Anerkennung eine allgemeine wird. —

VII. Ueber die Bildung des unteren Kriegers.

In den Betrachtungen über den Kriegerstand, haben wir den Unterschied hervorgehoben, der vom sittlichen Standpunkte aus gemacht werden muß, zwischen solchen Kriegern, welche nur vorübergehend sich dem Dienste widmen und denen, die sich ihm dauernd widmen wollen. — Es sind dies die Klassen: der sogenannten Gemeinen nebst Unteroffizieren, und die der Offiziere. Auch ist daselbst erwähnt, daß die Trennung beider Klassen keine absolute sein darf, so daß sie nicht im Kriegerstande streng abgeschlossene Klassen bilden dürfen; sondern dadurch schon organisch zusammenhängen: daß jeder Gemeine vollständig Ansprüche hat, zu den höchsten Stellen im Kriegerstande zu gelangen, sobald er die Bedingungen dazu erfüllt, die Keinem unerreichbar sein dürfen; während andererseits der Offizier von Unten auf gedient haben muß. Begründete Ausnahmen durch gesetzliche Bestimmungen, müssen auch hier, wie in allen menschlichen Verhältnissen, zulässig sein; denn kein menschliches Gesetz, darf sittlich als unbedingt oder ohne Ausnahme geltend aufgestellt werden. Außerordentliche Entscheidungen, da wo sie streng sittlich begründet, dann aber auch unverholen anzugeben sind, müssen selbst gesetzlich vorbehalten bleiben.

Wir konnten in der früheren Betrachtung über den Kriegerstand, füglich nicht schon näher über die sittlichen Erfordernisse, der so eben wiederholt genannten zwei Klassen von Kriegern, einzeln eingehen, bevor die Betrachtungen der drei dann folgenden letzten Abschnitte zurückgelegt waren. Sind die dort ausgesprochenen Ansichten als richtig anerkannt; dann wird nicht nur jeder Staatsbürger, der früh mit ihnen und ihrer Gesetzmäßigkeit bekannt wird, den Kriegerstand als keinen lästigen Zwang, sondern als einen Stand ansehen, dem sich auf eine unlautere Weise zu entziehen, nicht ehrenvoll ist; ja es könnte leicht ein Zudrängen zu ihm erfolgen, auch durch die bereits erwähnten, mit dem Kriegsdienst verknüpften Berechtigungen. Es würde aber auch sofort ein Jeder vom Eintritte zurückgewiesen werden, der den sittlichen Anforderungen an den Kriegerstand nicht entspräche. — Wie leicht könnte und müßte, solche höhere Ansicht vom Kriegerstande zu gewinnen, schon der Volkserziehung übergeben werden!

Es ist zunächst hiermit in keinem unlauteren Widerspruche, wenn denjenigen Individuen, deren Dienst im Kriege auch außer dem Waffendienst unumgänglich nöthig ist, z. B. Aerzten, Pharmazeuten u. a. m., anheimgestellt und geboten wird, ihre gesetzliche Dienstzeit auch im Frieden, in ihren Fächern bei den Truppen abzuleisten. Sie müssen in ihren Dienstzweigen, für die Zeit des Krieges auch vorbereitet werden, was nur durch eine unmittelbare Dienstleistung während des Friedens, so viel als möglich geschehen kann; wozu noch kommt, daß ihnen diese Dienstzeit wol ohne Ausnahme noch zum eigenen Vortheil gereicht, sobald sie in die bürgerlichen Verhältnisse zurücktreten.

Wenn es nun bei dem gegenwärtigen Zustande der

Volksmenge, nicht gut möglich ist, die ganze dazu geignete männliche Jugend während des Friedens für den Kriegsdienst vorzubereiten; so erscheint es als völlig sittlich zulässig, daß, — nachdem jede gesetzliche und billige Rücksicht genommen, und gehörige Prüfungen der Bedingungen für die etwaige Unzulässigkeit des Eintritts angestellt sind — unter der Menge der Geeigneten das Loos entscheidet, wer, sei es auch nur vorläufig bis zum etwa eintretenden nöthigen Falle, nicht zum Eintritte gelangt. — Ueber das System der Stellvertreter ist viel, theils vom sittlichen, theils vom praktischen Standpunkte aus, gestritten. Es ganz zu verwerfen, erscheint als übereilt; selbst vor einer Geldentschädigung, sollte man nicht immer als unsittlich zurückschrecken. Es sind der Fälle allerdings mehrere, wo ein ganz zum Kriegsdienst geeigneter Mann, dennoch vom Eintritte zu entbinden ist. Wird ein solcher Mann gegenwärtig ohne eigentliche Stellvertretung zurückgestellt; so wäre es oft besser, er käme mit zum Loosen, und wenn er sich nicht frei loosete, so könnte ihm immer noch gestattet sein, gegen gesetzlich bestimmte Entschädigung einen Stellvertreter zu bekommen, nicht aber selbst einen zu stellen. — Unter solchen Umständen, könnten auch viele wohlhabende junge Leute, die zuvor als körperlich nicht geeignet für den Kriegsdienst befunden sind, zum Loosen kommen und event. dann vertreten werden. Die Stellvertreter dürften aber unter allen Umständen nur Leute sein, welche ihre gesetzliche Dienstzeit vollendet und sich tüchtig bewährt haben; sie sind für die Bildung der jüngeren Mannschaft sehr vortheilhaft zu verwenden, und bildeten dann die sogenannten Kapitulanten. Es versteht sich, daß die Wahl der Stellvertreter nur allein durch die Behörde zu ordnen ist, um groben Mißbräuchen vorzubeugen. Die strenge Ueberwachung dieser Angelegenheit, kann keine besondere Schwierigkeiten haben und dem Staate, so wie dem Kapitulanten hierdurch noch mancher rechtliche Vortheil entstehen.

Die Verpflichtung zur Zeitdauer des Dienstes, ist gegenwärtig für die Mannschaft der verschiedenen Waffen im Allgemeinen eine gleiche; nur die sogenannten Freiwilligen haben bei Erfüllung gewisser Bedingungen, das Recht einer einjährigen Dienstzeit. Diese letztere Einrichtung ist streng sittlich zulässig, und gewährt keinen willkürlichen Vorzug. Ein Jeder kann sich dieses Recht erwerben, und öfter befördert es einen löblichen Eifer zur Erlangung desselben. Zeigt diese Einrichtung aber nicht klar: daß selbst die höchsten Behörden eine einjährige Dienstzeit zur Ausbildung für den Kriegsdienst als hinlänglich halten? oder sollten wirklich diese Freiwilligen bereits eine bessere Vorbildung zur Erlangung der Dienstkenntniß besitzen, im Vergleich zu den übrigen Landeskindern? In einzelnen Fällen allerdings, in anderen nicht, in noch anderen findet wol gar das Gegentheil statt. — Wenn nun aber von diesen Freiwilligen in dem einen Jahre, noch ganz außerordentliche Anstrengungen erwartet und verlangt werden, um sie zu Landwehr-Offizieren vor- und auszubilden; so erscheint doch mindestens eine Uebereilung hierbei unvermeidlich. — Der hieraus entstehende Nachtheil für den Landwehrdienst im Kriege, ist gewiß ersichtlich. Wenn die Landwehr nur aus Mannschaft bestehen soll, welche ihre Dienstzeit im stehenden Heere abgeleistet hat; so müssen die Anführer solcher Leute, offenbar noch ganz besonders tüchtig für den Dienst ausgebildet sein. — Woher die Offiziere für die Landwehr zu nehmen sind, ist nicht schwer zu sagen, da sehr viele im stehende Heere ausgebildete Offiziere nach ihrem Austritte noch landwehrpflichtig sind, und im stehenden Heere könnte und müßte immer eine Anzahl von Offizieren über den Etat vorhanden sein, welche zu Anführern der Landwehrtruppen heranzuziehen sind. Wir mußten hier auf diesen Gegenstand, wenn auch nur kurz hindeuten, in so fern er zu den sittlichen Elementen der Landwehr gehört. — Die ferneren Betrachtungen müssen jedoch wieder hier übergangen werden.

Je mehr der waffenfähigen Bürger im stehenden Heere für den Kriegsdienst ausgebildet werden, und dann zu den Reserven oder zur Landwehr übertreten, je besser ist es. Wie viel Dienstzeit erforderlich ist, um in den verschiedenen Waffengattungen den Mann für den Kriegsdienst auszubilden; gehört ausführlich zu untersuchen nicht hier her. Für den Infanteristen ist ein Jahr hinreichend, zumal, wenn man alles Ueberflüssige bei der Ausbildung wegläßt. — Nicht so ist es bei den andern Waffen; leicht wird man zugeben, daß bei ihnen die Lehrzeit eine längere ist als beim Infanteristen. Es liegt aber auch gar keine Ungerechtigkeit darin, wenn vom Gesetz eine verschiedene Dienstdauer für die verschiedenen Waffengattungen verlangt wird. — Wenn zunächst die längere Zeit der Diensterlernung bei der Kavallerie, der Artillerie und den Pionieren, auch durch höheren Sold und durch geeignete Ansprüche nach beendeter Dienstzeit bedacht würde; so könnte es gar nicht fehlen, daß schon hierdurch manche Freiwillige für diese schwieriger zu erlernenden Waffendienste herbei gezogen würden, um so mehr, da so Mancher für seine späteren bürgerlichen Verhältnisse, gerade hier Kenntnisse und Geschicklichkeiten erlangt, die er schwerlich gründlicher, gewiß aber nirgend wohlfeiler sich erwerben kann. Und wenn auf diese Weise, der auch noch andere sittlich zulässige Vergünstigungen zugefügt werden könnten, noch nicht die nöthige Zahl der Mannschaften erhalten wird; so ist immer die Entscheidung durch gesetzliche Auswahl oder durch das Loos unter den Geeigneten für bestimmte Waffen, zulässig, wie das Loos ja gegenwärtig selbst die völlige Befreiung vom Waffendienst entscheiden kann.

Wie erleichtert die Ausbildung der unteren Krieger für den Waffendienst wäre, wenn bereits auf den Schulen schon auf diese so wichtige Angelegenheit mehr Rücksicht genommen würde, ist unverkennbar. Wenn auch zunächst nur für die körperliche Ausbildung: durch das Turnen allgemein vorbereitet würde; ja selbst gewisse Elemente des Exerzierens könnten bereits beim Turnen gelehrt werden. — Aber woher die Lehrer für solche Vorbereitungen hernehmen? Hier eröffnet sich auch eine schickliche Versorgung für geeignete Unteroffiziere. Wol wissen wir, was sich für und gegen die Anstellung der Unteroffiziere als Volksschullehrer sagen läßt und zur Genüge gesagt ist; aber zu Lehrern in der erwähnten Uebung, wird man sie doch zulassen wollen, abgesehen noch davon, was die Jugend durch diese Lehrer, nach reiflicher Wahl derselben, sonst noch Gutes lernen könnte. — Und wenn ein Unteroffizier nach mehrjähriger Dienstzeit, bei noch ganz rüstigen geistigen und körperlichen Kräften, so wie bei Erfüllung der übrigen Anforderungen, sich auch als Volksschullehrer für den anderen Unterricht eignet; — dann möchte ein solcher Lehrer wol ganz besonders befähigt sein, jene Stellung einzunehmen.

Wie viel, außer der Erlernung des Waffendienstes, dem Gemeinen noch sonst Gutes in den Schulen (Regiments-, Bataillons- u. s. w. -Schule) gelehrt werden kann; hängt zunächst von der Zeit, welche außer der Diensterlernungszeit noch übrig bleibt, ab. Bei einer einjährigen Dienstzeit des Infanteristen, bleibt wenig Zeit übrig; und dennoch wird sich, besonders in den Winterabenden, bei Gelegenheit der dienstlichen Instruktionen und anknüpfend an diese, oft Gelegenheit darbieten, den Soldaten über manche nützliche Dinge zu unterrichten, und seine Ansichten über ein höheres Verhältniß seines Berufes aufzuklären. — Oder sollten wirklich Einige noch das Aufklären des sogenannten gemeinen Mannes, fürchten? Aechte Aufklärung hat noch Niemandem geschadet, und man hat auch sobald noch nicht den Zeitpunkt zu erwarten, wo jeder Staatsbürger eine wahre Aufklärung, vor Allem in sittlicher Beziehung, erlangt hat! — Bei jenem Unterrichte der Soldaten, erscheint die dialogische Form als die allein zweckmäßige, und geeignete Vorgesetzte werden immer vorhanden sein, die sich hier ein wahres Verdienst um ihre Untergebene erwerben können. -- Von einem eigentlichen Schulunterrichte, kann bei einer kurzen Dienstzeit weiter keine Rede sein. — Vor Allem bieten bei den verschiedenen Instruktionszweigen die Erläuterungen, aber nicht blos die mechanische Einübung, der Kriegs-Artikel, schöne Gelegenheit zur Anknüpfung sittlicher Gegenstände; und in der That, dem Gemeinen, der hier über den Fluch welcher an allen, oft leicht angesehenen Unsittlichkeiten haftet, aufgeklärt wird, bringt dies mehr Segen, als wenn er auswendig hersagen kann, wie die Orden eingetheilt werden. —

Wenn so unter nützlichen Beschäftigungen und wahrhaft praktischen und kriegerischen Uebungen, die kurze Dienstzeit zugebracht wird; wenn nur eine streng sittliche Behandlung des Gemeinen statt findet; wenn dieser in seinen Vorgesetzten nur Freunde, Lehrer und Rathgeber erblickt, so lange er auch das Seinige redlich thut, — die Strenge des Gesetzes aber erst dann, dann aber auch ganz fühlt, wenn er es nicht anders haben will; — wie heilsam wäre, auch außer der Dienst-Ausbildung, für das ganze Volk ein solches Durchgehen durch die Dienstjahre! — Gewiß würde der Eintritt in den Dienst, von manchen Volksklassen mit Verlangen gesucht werden.

Man hat zuweilen das Kasernenleben als sittenverderbend dargestellt. — Das kann es allerdings werden, wenn bei langer Dienstzeit die gehörige Aufsicht fehlt. Aber die Sittlichkeit kann auch, mindestens in gleichem Maaße verdorben werden, wenn der Soldat beim Bürger im Quartiere liegt. — Bei der kurzen Dienstzeit unserer Leute, wird das Kasernenleben bei gehöriger Aufsicht, keinen Nachtheil bringen; und wir halten es unter diesen Voraussetzungen, für geeigneter zur tüchtigen Erlernung des Dienstes so wie zur Handhabung der Disciplin, als das Wohnen bei den Bürgern. — Wir wissen wol, daß von achtbaren Seiten, mit guten Gründen, das Wohnen der Soldaten bei den Bürgern vorgezogen wird; doch können wir nach reiflicher Erwägung, nur das genannte Resultat als das bessere gewinnen. — Daß der gemeine Mann hierbei stets als unverheirathet vorausgesetzt wird, bedarf keiner Erinnerung. Ihn auch in geschlechtlicher Hinsicht auf geeignete Art zu überwachen und zu einem sittlich reinen Wandel anzuhalten, ist eine heilige Pflicht; die leider oft versäumt wird.

Der Ausbildung der Unteroffiziere, welche wir mit ihren Abstufungen zu den unteren Kriegern zählen, widmen wir in sittlicher Beziehung speziell noch folgende Betrachtung. — Die Unteroffiziere werden in der Regel, theils aus solchen Leuten hervorgehen, welche bei ihrem Eintritte in den Dienst nicht Willens waren, länger als die ihnen obliegende Dienstzeit abzuleisten, theils aus solchen Leuten, die schon bei ihrem Eintritt beabsichtigen, Unteroffiziere zu werden, und sich mit diesen Stellen begnügen; sei es, um später in die einträglicheren höheren Chargen dieser Stellung einzurücken, oder, um nach einer bestimmten Dienstzeit in die, ihnen verheißenen Civil-Posten überzutreten. — Außer jenen giebt es noch solche Unteroffiziere, welchen diese Charge nur kurzer Durchgangspunkt für das Gelangen zum Offizier sein soll. Von diesen jungen Leuten, die über den Etat der Unteroffiziere in nicht vorher bestimmter Menge sein sollten; wird im folgenden Abschnitt näher die Rede sein.

Im früher Gesagtem liegt bereits: daß ein jeder Unteroffizier, wenn er sich später entschließt Offizier werden zu wollen, auch hierzu muß gelangen können, sobald er allen gesetzlichen Bedingungen entspricht. Das Nähere über solche Ausnahmen von der Regel, gehört dann gleichfalls in die Betrachtungen des folgenden Abschnitts. — Soll nun das Unteroffizier-Corps, diese so wichtigen, ja unumgänglich nöthigen Gehülfen der Offiziere, zu einer höheren sittlichen und wahrhaft praktischen Ausbildung gelangen, und zugleich den Gemeinen, deren unmittelbare Vorgesetzte sie sind, zu Vorbildern dienen; so muß zunächst eine bessere Besoldung und eine im Allgemeinen edlere Behandlung derselben eintreten. Die bessere Besoldung müßte besonders für die vorhin schon erwähnten älteren Unteroffiziere, an deren Spitze der Feldwebel (Wachtmeister, Oberfeuerwerker) steht, eintreten. Letztere werden in der Regel nicht mit sogenannten Versorgungen, sondern mit Pensionen ausscheiden, die auch ihnen eine sorgenfreie Existenz gewähren müssen; und da sie wol größtentheils verheirathet sind, so müssen auch für sie die, im Allgemeinen in den Betrachtungen über den Kriegerstand, für die verheiratheten Offiziere aufgestellten Grundzüge, gelten; versteht sich, den Verhältnissen angemessen, welche auch die

Unteroffiziere an ein möglichst sorgenfreies Familienleben zu machen berechtigt sind. Die Verheirathung der jüngeren Unteroffiziere, welche nur einige Jahre bis zu einer Versorgung dienen, ist mit Recht nur unter beschränkten Bedingungen zulässig, wie solche auch schon theilweise jetzt vorhanden sind. — Das Familienleben der Unteroffiziere mehr zu beachten und im Allgemeinen zu überwachen, muß eine besondere Aufgabe der Vorgesetzten sein; ist es anstößig und Warnungen ohne Erfolg, so sollte eine zeitige Entlassung solcher Unteroffiziere, jedoch unter Entfernung jeder Willkühr, zumal von Seiten der nächsten Vorgesetzten, gesetzmäßig durch die höheren Vorgesetzten ausgesprochen werden dürfen. Auch hat der Staat für die Familien der Unteroffiziere, in naheliegenden besonderen Fällen, dieselben Rücksichten in entsprechendem Maaße zu nehmen, wie wir dies früher für die Familien der Offiziere andeuteten. — Wenn ein Feldwebel z. B. das Gehalt eines Seconde-Lieutenants erhielte, so wäre dies nicht zu viel für seine Leistungen; aber es muß ihm zur Ehrensache gemacht werden, von keinem Untergebenen ein Geschenk irgend einer Art, so mittelbar ihm dies auch zufließen mag, anzunehmen. Dies letztere muß auch von allen Unteroffizieren verlangt werden. — In die Reihe der Vorgesetzten der Gemeinen, treten auch noch solche Leute, welche sich zwar nicht zum Unteroffiziere eignen, oder nicht dazu befördert werden können, aber ihrer Tüchtigkeit wegen als Kapitulanten zu einer längeren Dienstzeit zugelassen werden; sie können sehr wohlthätig auf die jüngeren Kameraden einwirken, und bilden die Gefreiten. Was man diesen sämmtlichen unteren Vorgesetzten noch für Vortheile, sei es für ihre Dienstzeit oder für ihre spätere Zukunft, bieten kann; gehört näher zu betrachten nicht hierher.

Den Unteroffizieren, namentlich den jüngeren, ist, außer der Ausbildung für ihren Beruf, auch Unterricht in bestimmten Schulen der Truppentheile, zum Nutzen für ihre Zukunft zu ertheilen; solche Schulen bestehen auch wol bestimmungsmäßig überall. Für den hier zu ertheilenden Unterricht, würde sich ein weites Feld der Betrachtungen eröffnen, wenn solche anders hier ausgeführt werden könnten. — Reiche Gelegenheit bietet sich hier für den Offizier, der ein wahrer Freund seiner Untergebenen ist, zum Heile dieser zu wirken! Nicht, dem Unteroffizier durch sogenannte wissenschaftliche Vorträge, die Lust zu erregen: Offizier werden zu wollen, soll der Zweck jener Schulen sein; aber: die geistigen Kräfte in richtigem Maaße, und die sittlichen in jeder Beziehung zu wecken und auszubilden, ist hier eine Aufgabe, die gewiß bei ihrer richtigen Lösung, auch ihre Würdigung und Anerkennung findet. — Sollte es bei der Durchführung vorstehender Ansichten wol schwer fallen, tüchtige Unteroffiziere heranzubilden, wie man sie doch gegenwärtig so oft entbehren muß? Sollten sich zu Unteroffizieren nicht alsdann geeignete Männer in solcher Menge melden, daß man eine reiche Auswahl hat unter den sich Meldenden?

Man ist auch wol zuweilen der Ansicht: daß die Unteroffiziere ein, wenn auch nur beschränktes, Strafrecht haben sollten. — Wir können hierein nicht einstimmen; denn einmal ist, wie wir schon in den Betrachtungen über die Disciplin äußerten, das Disciplinar-Strafrecht eines der wichtigsten Rechte höherer Vorgesetzten, das selbst die untern Chargen der Subaltern-Offiziere nur unter bestimmten Verhältnissen besitzen; dann aber soll auch Niemand Richter in eigener Sache sein, zumal wenn sich, wie es hier größtentheils der Fall sein würde, gar leicht persönliche Beziehungen, Leidenschaften, Mangel an gehöriger Beurtheilung im Erkennen der Persönlichkeit und des vorliegenden Falls, und dergl. m. einmischen würden. Daß Belehrungen, ja unter Umständen Ertheilung von Verweisen dem Unteroffizier gegen seinen Untergebenen erlaubt sein müssen; versteht sich wol von selbst. — Auszurotten ist aber jedes eigenmächtige Schlagen und dergl., wie es namentlich auch mitunter beim Exerzieren der Rekruten statt findet. — Es entwürdigt den Vorgesetzten noch mehr als den Untergebenen.

VIII. Ueber die Bildung zum Offizier.

Wir müssen diesem Abschnitte noch einige Betrachtungen vorausschicken, die den späteren Untersuchungen zum Grunde liegen, wenn hierbei auch einige Wiederholungen, so wie einige Elemente vorkommen, die eigentlich erst dem folgenden Abschnitte, welcher im engsten Zusammenhange mit dem gegenwärtigen ist, zugehören.

Die Anforderungen an den Offizier, müssen mit der zunehmenden sittlichen Erkenntniß vom Kriege und vom Kriegerstande, natürlich gleichfalls zunehmen. Kann jener frühere Zustand des Kriegerstandes nicht als ein sittlicher anerkannt werden, als die Heere noch größtentheils aus angeworbenen, oft nur durch äußere Gewalt zusammengehaltenen Söldlingen bestanden; wo der Offizier außer seiner nächsten Bestimmung: der Führer der Truppen im Kriege zu sein, fast nur der Zuchtmeister seiner Untergebenen, und namentlich der unteren Krieger, war; wo es schon zu den Ausnahmen gehörte, wenn er in einzelnen Fällen auch noch als ein Vater der Soldaten erschien; oder wenn er wol gar ausnahmsweise eine edle Behandlung, der hergebrachten vorwalten ließ; — so ward die Stellung des Offiziers sogleich eine sittlichere, nachdem die unteren Krieger nur Landeskinder waren, und eine edlere Behandlung der Untergebenen zum Gesetze wurde. Und so werden sich denn die Forderungen an den Offizier mit Recht noch steigern, je mehr ein höherer Zustand des Kriegerstandes, auch von seiner sittlichen Seite anerkannt und gefördert wird. — Als einen Stand, nicht aber als eine Kaste, müssen wir von unserm gewonnenen Standpunkte aus, das Offizier-Corps einer Armee, bei seiner besonderen Stellung auch zum Staate, ansehen. Hier ist der Offizier zuerst ein Staatsbürger und erst dann ein Staatsdiener.

Jeder Stand hat seine besonderen Pflichten und besonderen Rechte; aber keine, allen Staatsbürgern zukommenden sittlichen Pflichten und Rechte, dürfen dem Offizier entzogen werden, so wenig ihm besondere Bedingungen gemacht werden dürfen, die gegen solche Pflichten und Rechte streiten. — Daß, vom sittlichen Standpunkte aus betrachtet, kein Stand im Staate der Erste ist; ist bereits früher erwähnt. Auch hat kein Stand vor dem andern eine ausschließliche Verpflichtung oder Berechtigung der Vertheidigung des Vaterlandes, und wir sahen schon früher, daß wenn auch der Kriegerstand den besonderen Beruf hat, sich zu jeder Zeit für den Dienst im Krieg bereit zu halten, und der Offizier noch die besondere Pflicht, sich auch stets für die Vervollkommnung der Kriegsführung vorzubereiten; so tritt doch, unter der Voraussetzung der Nothwendigkeit: die Verpflichtung zum Kriegsdienst für jeden Staatsbürger ein. — Es ist das Verhältniß des Offiziers, gleich dem der übrigen Staatsdiener, ein freies, das nur unter besonderen sittlich erlaubten Bedingungen einzugehen ist. Der Offizier muß also auch zu jeder Zeit berechtigt sein (wenn die Ehre oder besondere Umstände damit nicht in Widerspruch) treten seinen Abschied einzureichen; ja, er ist sittlich verpflichtet, um denselben einzukommen, sobald er erkennt, daß sein Fortdienen in bestimmte Widersprüche geräth. — Ueber die Ansprüche des Offiziers, wenn der Abschied von ihm nachgesucht ist, so wie über das Recht, ausschließlich des Monarchen, ihm denselben auch ohne Gesuch zu ertheilen; ist gleichfalls im dritten Abschnitte bereits geredet. Wir fanden auch daselbst, daß eine Vereidigung des Kriegers bei seinem Eintritte in den Dienst, sittlich nicht als erlaubt erscheine, und wir haben noch zu prüfen: ob eine Vereidigung des Offiziers speziell, sittlich zu rechtfertigen ist, nachdem er den freien Entschluß, in seinen Stand einzutreten, ausgesprochen hat. Vom Zwange oder Unkenntniß der Verhältnisse, kann also bei ihm nicht die Rede sein. Dennoch ist auch der Eid des Offiziers, ein Gelübdeeid, und als solcher nicht sittlich zulässig. Wozu aber für den Offizier noch einen besonderen Eid verlangen? da er ja keine Pflichten übernimmt, die mit denen eines sittlichen Menschen, so wie mit denen eines jeden Staatsbürgers in Streit gerathen. Man hat bereits die Gelegenheit gehabt, die Gesinnungen des angehenden Offiziers zu prüfen, sie zu erkennen und hiernach zu beurtheilen: ob man sich einer strengen Pflichterfüllung von ihm versprechen kann. — Sollte man aber meinen: daß einigen Offizieren besondere Geheimnisse anvertraut sind, auf deren Geheimhaltung sie doch speziell vereidigt werden müssen; so erscheint auch hier der Eid als ein Gelübdeeid, mithin nicht sittlich zulässig. Für solche Offiziere mag man sich noch ganz besonders über den Grad ihrer Verschwiegenheit, aus ihren bisherigen Dienstleistungen und ihrem Privatleben, unterrichten. Strenge Strafen, gesetzlich bestimmt, mögen den treffen, welcher, sei er noch oder nicht mehr im Dienst, gebotene Geheimnisse nicht bewahrt. Aber nun gar das Geheimhalten, bis dahin noch unbekannter Geheimnisse zu beschwören, erscheint durchaus nicht sittlich zu rechtfertigen; und die Geheimnisse vorher kennen zu lernen, ehe man sie beschwört, enthält offenbar etwas Widersprechendes. — Dagegen erscheint es allerdings erwünscht, die Ernennung zum Offizier durch einen bestimmten Akt würdig zu begehen. Wenn es mit Recht nur dem Monarchen zusteht, jene Ernennung auszusprechen; so müßte sie auch schon aus diesem Grunde würdiger empfangen und aufgenommen werden, als es zu geschehen pflegt.

Verlangen wir von einem Offizier, außer einer entsprechenden Bildung für den unmittelbaren Kriegsdienst in seinen mannigfaltigen Beziehungen, zugleich eine Bildung, wie sie auch für die Anforderungen der Friedensverhältnisse sich eignet; so haben wir die hierzu erforderlichen Eigenschaften im Allgemeinen, bereits in den früheren Betrachtungen besprochen. — Die Gesinnung ist vor Allem das Haupterforderniß. — Sie ist die Quelle, aus der immer neue Kraft zum freudigem Wirken und zur eigenen Vervollkommnung zu schöpfen ist, selbst wenn die physische Kraft unterliegen will; sie ist der Grund der sittlichen Tapferkeit, welche in Friedenszeiten oft schwerer zu bewähren ist, als im Kriege; sie ist die Triebfeder der Hingebung, die auch die eigene Aufopferung nicht scheut, wenn die erkannte Pflicht sie gebietet, so wie der Ehre, die allein als eine sittliche erkannt werden kann; auf ihr beruht die ächte Kameradschaft, durch welche ein gegenseitiges Tragen der menschlichen Schwächen, der oft schweren Pflichten, so wie das Ertragen herber Erfahrungen und vieler andern Dinge, erleichtert wird. Vor Allem ist den Offizieren eine wahre Kameradschaft wichtig. Sie bedingt ein gegenseitiges offenes Ueberwachen, ein liebevolles Warnen gegen Fehlende, so wie ein nöthigenfalls strenges Verfahren gegen Unsittliche; sie verabscheut jede heimliche Angeberei eben sowol wie ein unsittliches Unterdrücken des wahrhaft Schlechten; sie gönnt nicht nur dem verdienstvollen Kameraden die Anerkennung, sondern sucht diese vielmehr zu befördern; sie rechnet nicht schon lange vorher auf den Abgang dieses oder jenes Kameraden, sondern freut sich vielmehr der Rüstigkeit derselben; sie giebt es nicht zu, daß in den Versammlungen der Offiziere wol nur Einige das Wort führen, die Uebrigen aber dem Schweigen unterworfen werden, wenn es sich um gemeinsame Angelegenheiten handelt.

Wie eine solche Gesinnung, deren Grundlage wir bereits vom angehenden Offiziere verlangen, wenn auch das fernere Leben sie erst bestimmter ausprägen und als befestigt erkennen lassen kann, — zu erwerben sei; haben wir bereits in unserer ersten Betrachtung niedergelegt. Ob sie anerzogen werden kann; gehört zu rein pädagogischen Untersuchungen, deren Resultat wir nach unserer Erkenntniß hier aussprechen müssen, da sie wesentlich zur richtigen Beurtheilung des angehenden Offiziers in sittlicher Beziehung, dient.

Bei jedem Menschen (wenn nicht Natur- oder Geistesstörungen vorhanden sind) liegen die edlen, geistigen Kräfte neben den Anlagen zur Sünde vorgebildet. Es hängt von Umständen ab, die Niemand sicher vorher zu bestimmen vermag, wie sich jene Anlagen entwickeln. — Die Erziehung vermag nur das Gute in jeder Beziehung und Richtung zu wecken, anzuregen und es dem Schlechten gegenüber, also auch dies selbst, zur Anschauung zu bringen. Erst das Leben, welches eine fortgesetzte Erziehung sein soll und es ist, bildet mit der Sittlichkeit die Gesinnung aus. — Keine Garantie ist unbedingt für die Richtung zum Guten, und für das Beharren in derselben im Voraus zu geben, und nur eine unablässige Selbstbetrachtung und Bewachung in der Richtung des erkannten ewigen Verhältnisses des Menschen, d. h. im religiösen Leben, kann zum Guten führen und vor dem Falle möglichst schützen. — Neben jenen allgemeinen Anlagen, ist es aber noch besonders das Talent (gleich wie neben der allgemeinen menschlichen Gestalt, die besondere Physiognomie) welches dem Menschen speziell inwohnt. Dieses ist durch die Erziehung früh zu erforschen, zu wecken und richtig zu leiten. Durch das Talent jedes Einzelnen, das sich nur bei Wenigen bis zum Genie erhebt, wird das gemeinsame Leben der Menschen, jene nothwendige Mannigfaltigkeit gewinnen, welche zur Veredlung der Menschheit nöthig ist. — Und somit müssen wir es für einen Mißgriff halten, wenn die Erziehung auf Dinge speziell eingeht und kostbare Zeit damit verliert, die nicht von allgemeinen menschlichen Werthe sind, und die oft kaum Wenigen späterhin wahrhaft dienen. — In diesen Ansichten möge man den Grund zu Nachstehendem suchen; demnach auch für den angehenden Offizier nicht mehr verlangen, als naturgemäß zu verlangen ist und zum künftigen Berufe insbesondere dient. — Dieselben Rücksichten sollten wol auch in allen anderen menschlichen Verhältnissen genommen werden.

Es werden der Bedingungen mehrere für den angehenden Offizier gestellt und zu erfüllen verlangt. — Wir wollen sie einzeln betrachten. — Körperliche Tüchtigkeit und geistige Regsamkeit sind Erfordernisse, die ohne Weiteres zugegeben werden müssen; letztere besonders wird noch zu wenig beachtet, und mancher geistig Schlaffe gelangt zum wahren Nachtheil für den Dienst, noch zum Offizier. — Die Forderung einer allgemeinen Bildung wird verschieden ausgelegt. Wir wollen uns zunächst hier nicht beim Worte allgemein aufhalten, da doch kein Mensch eine allgemeine Bildung hat, sondern jeder mehr oder weniger einseitig, und selten nur mehrseitig gebildet ist. Wenige gelangen nur zur Virtuosität in einer einseitigen Bildung. — Jene Forderung der allgemeinen Bildung, wird aber theils auf die gesellige, theils auf die wissenschaftliche Bildung, oft aber auf beide zugleich bezogen, und in beiden wird von verschiedenen Menschen, ein sehr verschiedenes Maaß gefordert. — Um sich mit äußerem Anstande in der Gesellschaft angemessen bewegen zu können, gehört wenig mehr, als daß man unter gesitteten Menschen erzogen ist und unter ihnen gelebt hat. Welche oft verkehrte, ja zum Theil unsittliche Forderungen aber mit der, des (fast technisch gewordenen Wortes) Anstandes, vom Offizier häufig gemacht werden; lehrt die Erfahrung. Zu welchem Resultate führen gewisse verkehrte Ansichten vom Anstande, namentlich im Umgange der Offiziere mit anderen Personen? Der wahre, aus der Gesinnung hervorgehende Anstand und die richtige Wahl des gehörigen Umganges, ist sofort zu erkennen, wenn man mit freiem und nicht blasirtem Blicke in die Verhältnisse des Lebens schaut, und nicht durch Unkenntniß oder Vorurtheil, der Sinn und das Gemüth getrübt sind. — Hier, wo das Gefühl mehr als der Verstand vorwaltet, wo mehr das Können als das Wissen an seinem Orte ist; können gereifte Vorgesetzte segensreich auf die jüngeren Kameraden einwirken.

Wenden wir uns nun zur wissenschaftlichen Bildung; so sind die Forderungen hier nicht minder verschieden. — **Meint man denn im Ernste: daß man bis jetzt auch nur eine wahre wissenschaftliche Grundlage zur Forderung für den Offizier gemacht hat?** wobei wir ganz absehen, ob dies bei den übrigen Ständen geschieht. — Zu hoch verehren wir die Wissenschaften, als daß wir sie mit blos auswendig Gelerntem verwechseln sollten, das je eher je lieber, und oft auch je besser, wieder vergessen wird. Lernen soll bereits das Kind, wieder lernen der Jüngling und immer wieder lernen der gereifte Mann; aber auch begreifen, verstehen, verarbeiten? auch wahrhaften Segen vom Erlernten haben? Hierauf wird selten geachtet! Aber zu was lernen denn die Meisten? Um die Examen zu bestehen; um nachher, je eher je lieber für das Lernen nichts weiter zu thun. — Freilich ist das ganze Leben auch ein fortgesetztes Lernen und eine nicht aufhörende Prüfung; aber jenes Lernen zum Examen, ist mehr eine Untergrabung als eine Förderung der Wissenschaften. — Wir verwerfen weder ein bestimmtes Maaß vom Erlernen wissenschaftlicher Gegenstände, noch überhaupt ein Examen; aber so wenig wir die Art wie beides: das Lernen zum Examen und das Examiniren, getrieben wird und besteht, für eine wissenschaftliche Bildung der Jugend als richtig anerkennen können; so wenig können wir hier auf diesen weit umfassenden Gegenstand, der mit der gesammten Volksbildung innig zusammenhängt, näher eingehen. Wir glauben die Schwierigkeiten zu kennen, die sich hier bei dem Zustande der Gesammtbildung des Volkes ergeben, und achten und ehren das in dieser Beziehung Bestehende in seinen Gränzen; sind aber der Ansicht: daß sich hier sofort heilsam ändern läßt. — Die wissenschaftlichen Forderungen zum Offizier stelle man, wie erwähnt, mäßig, und überlasse es dann den Erfolgen einer wahrhaft wissenschaftlichen Anregung durch den Unterricht, so wie dem Talente und den Umständen, wie der Offizier sich fernerhin dieser oder jener — oder auch keiner — besonderen Wissenschaft zuwendet. — Es giebt keine einzige Wissenschaft, die nicht ihre tiefe Anwendung in den Alles umfassenden Krieges-Wissenschaften fände; und immer werden sich Offiziere finden, gleich wie sie sich bisher stets fanden, welche sich der einen oder der anderen Wissenschaft besonders widmen; das bestätiget selbst der frühere wissenschaftliche Zustand der Offiziere in den Heeren, wobei wir es keineswegs verkennen, daß im Allgemeinen die Offiziere aller Heere jetzt in dem, was durch das bloße Lernen in den Schulen erreicht werden kann, gegen früher vorgeschritten sind. Der Ruf eines Gelehrten überhaupt, und besonders der eines gelehrten Offiziers, klingt, von der wahrhaft wissenschaftlichen Seite betrachtet, zweideutig, und wird gewöhnlich dabei zugleich an einen unpraktischen Offizier gedacht. — Was aber das Examen (nicht allein das militairische) betrifft; so erscheint es uns als eine noch zu lösende Aufgabe: zu finden, was an dessen Stelle Besseres oder Richtigeres zu setzen sei. Wenn wir auch von allen unlauteren Rücksichten die beim Examen so leicht sich einschleichen können, ganz absehen; wenn wir auch die Examinations-Behörden als tüchtige und geeignet in jeder Beziehung voraussetzen und unumwunden anerkennen; so hat doch das beste Examen, nicht nur seine Schattenseiten gleich jeder menschliche Einrichtung; sondern das bevorstehende Examen ist das Uebel. Wer es auch sei, — sobald er ein Examen noch vor sich hat, lernt zu diesem Examen und wol nur selten des Lernens wegen, und das um so mehr: je näher die Zeit der Prüfung heranrückt. Alles Reden hiergegen ist unnütz verschwendet.

Schon dies untergräbt das eigentliche wissenschaftliche Studium. Selten aber wird der, welchem ein Examen bevorsteht, recht eigentlich seines Lebens froh; er sehnt sich nach der letzten Prüfung, um — nachher das lästige Lernen los zu werden. — Es ist bekannt, auf welche Weise oft nur für die Tage der Prüfung, das Erlernte mit Unlust aufgenommen ist. — Aber es ist ein Examen auch eine sehr geringe, um nicht zu sagen: gar keine Garantie für die künftige Brauchbarkeit des Examinirten. Die Erfahrung lehrt nicht selten daß Examinanden welche ein gutes Examen gemacht, nachher wenig brauchbar, so wie entgegengesetzt: daß minder gut im Examen Bestandene, sehr brauchbare Männer in ihren Fächern geworden sind; ja es hat sich, so paradox es auch klingen mag, nicht selten die Erscheinung herausgestellt: daß die Examinanden, welche ausgezeichnete Examen gemacht, sich größtentheils später unpraktisch erwiesen! — Dennoch wäre es noch nicht zu rathen, die selbstständigen Examinations-Kommissionen ganz aufzuheben, und die Schul- oder andere Zeugnisse an deren Stelle entscheiden zu lassen, obgleich auch der bisherige Fleiß des zu Prüfenden, nicht ohne Einfluß für das Bestehen oder Nichtbestehen sein sollte. — Die Examen aber gar zu verschärfen, um den sogenannten Andrang der Exspectanten zu mindern; scheint mehr denn unrichtig. — Neben den sogenannten Schulkenntnissen, müßten auch die bisher bewiesenen Geistesanlagen, die Talente für gewisse Wissenschaften und Künste, — welche letztere für die sogenannte allgemeine Bildung, noch nicht gebührend gewürdigt werden — von Entscheidung sein, für welche künftige Lebensverhältnisse die Prüfung auch geschehen möge. — Aus den erwähnten und noch so manchen sittlichen Gründen, sollte man es auch vor Allem bei den Militair-Prüfungen mit der Prüfung zum Offizier bewenden lassen, und nicht späterhin gediente Männer bei gewissen Avancements-Graden, noch neue Prüfungen unterwerfen. — Die Offiziere aller Truppenarten haben Gelegenheit, und man könnte ihnen noch so manche andere geben, ihre Tüchtigkeit in jeder Beziehung zu bewähren. Aber als gediente Männer noch Examen abzulegen, erscheint uns überdies nicht mehr recht würdig; — selbst abgesehen von den übelen, oft nicht einmal anwendbaren Folgen, die ein Nichtbestehen gesetzlich herbeiführen soll. — Und so sind denn zwei Prüfungen ganz hinlänglich, ja zweckmäßig für die Erlangung zum Offizier; eine blos rein wissenschaftliche, für die Berechtigung auf Avancement zu dienen, und eine zweite blos in Hinsicht auf Kriegswissenschaften; beide nur in billigen Gränzen. — Vielleicht sind wir durch eine zwanzigjährige Wirksamkeit in den Examinations-Verhältnissen, in welcher Zeit nahe an sieben Tausend junge Männer von uns geprüft sind, nicht ganz unberechtigt, die vorstehenden Ansichten hier nieder zu legen. — Beim ersten Examen, dessen nähere Begränzung anzugeben hier nicht hergehört, müßte aber für den angehenden Offiziere, die Kenntniß der lateinischen Sprache, nicht verlangt werden. Es hält wahrlich nicht schwer zu beweisen, daß letztere nichts weniger als erforderlich zu einer wissenschaftlichen Bildung ist, und die lange Zeit welche auf ihre, in der Regel doch nur sehr geringe Erlernung verwandt wird, sollte zweckmäßiger auf Dinge, die jedem Menschen, zu allen Zeiten, in jedem Lebensalter, unter allen Zonen und Lebensverhältnissen, von wahrem inneren und äußeren Nutzen sind, verwandt werden; nämlich auf die Naturwissenschaften und gewisse Zweige der philosophischen Wissenschaften *). — Hält man die Schulen noch nicht für geeignet genug, — und warum sie es nicht sind, liegt zu Tage — die Jugend in den zuletzt genannten Wissenschaften hinlänglich zur ersten Prüfung vorzubereiten; so müßten ihre Elemente später auf den Anstalten gelehrt werden, auf welchen die Kriegswissenschaften besonders vorgetragen werden. — Wir verwahren uns hier ganz gegen den etwa möglichen Schluß: als seien wir ein Gegner der an sich schönen und zu einigen Dingen nützlichen lateinischen Sprache, überhaupt. Wenn man uns aber entgegnet: daß ihre Erlernung auch für den Offizier schon darum nöthig sei, damit derselbe in anderer Beziehung in seiner Bildung den übrigen Ständen nicht nachstehe; so müssen wir nach unseren, nur zum Theil hier genannten aber keinesweges ausgeführten Ansichten, unumwunden erklären: daß wir jenen angedeuteten Grund, unmaßgeblich für einen völlig nichtigen und leeren halten; - auf das Mitsprechen können, wenn lateinische Phrasen vorkommen, kann es nur der Eitelkeit ankommen; und auf das Verstehen derselben da, wo sie überdies als eine Verunreinigung unserer schönen Sprache erscheinen, hat man weder Werth zu legen, noch viele Zeit zum Erlernen übrig zu verwenden. — Schon bei der ersten Prüfung, sollte man aber besonders Rücksicht nehmen auf die Geistesgaben des zu Prüfenden, namentlich auf Geistesgegenwart, Geistesfrische, einen offenen Verstand 2c., so wie

*) Wir haben uns über obigen Gegenstand in einem besonderen Aufsatze in den Rheinischen Blättern für Pädagogik, 23ster Band, neue Folge 1stes Heft. 1840, von der rein wissenschaftlichen Seite betrachtet, ausgesprochen. Er führt die Ueberschrift: Ist die Erlernung der lateinischen Sprache wirklich unerläßlich zu einer wahrhaft wissenschaftlichen Bildung? die jetzige Lebensfrage der Schul-Bildung. — Auch abgedruckt im Polytechnischen Archiv. Berlin 1840. Nr. 26.

auf Kenntnisse und Kunstfertigkeiten, aus welchen Gebieten sie auch sein mögen, welche nicht zum Examen verlangt werden; auch letztere im entsprechenden Falle, zur Ausgleichung anderer etwa vorhandene Mängel eintreten lassen. — Wenn dann bei den Resultaten der Prüfung, bei Berücksichtigung des Angeführten, eine lebendige Beurtheilung des Geprüften in seiner ganzen Tüchtigkeit eintritt; so werden gute Erfolge: gehörig vorbereitete junge Männer für den Offizierstand zu erlangen, nicht fehlen. Die Schwierigkeit einer richtigen Beurtheilung hierbei, verkennen wir nicht; sie läßt sich aber fordern und leisten. — Daß die zweite Prüfung erst nach mindestens einem Jahre der Dienstzeit eintritt, damit sich auch die Brauchbarkeit für den Dienst, wenn auch nur vorläufig, beurtheilen läßt; ist in jeder Art zweckmäßig. — Gar viel wäre hierüber noch zu sagen, wenn es nicht in Einzelnheiten führte, welche nicht mehr die sittlichen Elemente des Kriegerstandes besonders betreffen, und zur Beurtheilung von Verhältnissen veranlaßte, die nicht mehr für alle Armeen gleiches Interesse haben. —

Die Frage ist oft aufgeworfen: Ob es zweckmäßig sei, junge Leute früh zum Kriegsdienste zu erziehen; ob es überhaupt eine Militair-Erziehung, und für dieselbe besondere Anstalten geben dürfe? — Wie tief diese Untersuchung wieder in das Gebiet der Pädagogik führt, leuchtet ein, und wir dürfen sie auf diesem Gebiete hier nicht verfolgen. Die Erfahrung hat aber gelehrt, daß aus solchen Anstalten im Allgemeinen die Armee brauchbare Offiziere erhalten hat, und viele Truppentheile wünschen, ihre jungen Offiziere aus ihnen zu erlangen. — In den Betrachtungen über den Kriegerstand, haben wir die Verpflichtung des Staats anerkannt, erforderlichen Falls den Offizieren oder deren Wittwen, in der Erziehung der Kinder hülfreich beizustehen. Hieraus würde zunächst nur folgen: daß der Staat Erziehungsbeiträge zu gewähren habe, aber noch nicht das Recht, die Knaben speciell zum Kriegsdienste zu erziehen. Dies ist in den Staaten, wo die Erziehung von einer edleren Seite angesehen wird, als blos: die Jugend dereinst im sogenannten Staatsdienste zu gebrauchen, auch bei den Militair-Erziehungs-Anstalten anerkannt. Die militairischen Formen in bestimmten Gränzen, sind für die Erziehungs-Anstalten der Knaben aller Stände höchst ersprießlich, wie gewiß ohne nähere Ausführung sofort erhellet. — Vorausgesetzt aber muß als sittliches Erforderniß zuvor werden: daß der Knabe durch die Erziehung in jenen vorbereitenden Militair-Anstalten, keine Verpflichtung zum längeren Dienen, als jeder andere Staatsbürger hat. Es würde einer solchen Verpflichtung nicht nur die, vom sittlichen Standpunkte aus gewiß zu verwerfende Ansicht zum Grunde liegen: daß der Staat sich die, der Jugend erwiesene Wohlthat der Erziehung wollte abdienen oder gleichsam abarbeiten lassen; sondern man würde auch Männer verpflichten zur Erfüllung von Bedingungen, die man Unmündigen auferlegt hatte; — wozu noch die einseitige Ansicht käme: als könne der in jenen Anstalten Erzogene, nur als Krieger dem Staate dienen. — Wenn man aber andererseits meint: die Erziehung in jenen Anstalten müsse eben deshalb eine solche sein, welche den Knaben für jedes künftige Verhältniß vorbereite, weshalb er auch z. B. das Latein lernen müsse; so scheint man hierbei doch wol nicht gehörig zu beachten, daß aus nahe liegenden triftigen Gründen, selten die in Militair-Anstalten Erzogenen, zu anderen Diensten als dem Kriegesdienste übergehen; und wenn dies dennoch zuweilen geschieht, es erst in späteren Jahren erfolgt, und sie alsdann gewöhnlich in solche Verhälnisse des Lebens treten, in denen gerade das Latein am wenigsten ihnen wesentlich ist. Allen Schülern einer Anstalt aber zuzumuthen: alles das zu lernen, was Einigen unter ihnen vielleicht einmal dienlich sein könne; ist doch wol zuviel verlangt. — Wie sich das hier Gesagte analog auf die meisten höheren Schul-Anstalten übertragen läßt, liegt nahe. — Näher auf die sittlichen Grundzüge, die Vortheile und Nachtheile jener Erziehungs-Anstalten, die noch etwas anderes als nur bloße Schul-Anstalten sein sollen, hier einzugehen; muß aus oft angedeuteten Gründen unterbleiben, so vertraut wir uns auch mit diesen Anstalten gemacht zu haben glauben. — Wir schließen hiermit die Betrachtungen über die allgemeinen Bedingungen für die geforderte Reife zum Offizier, mit der Bemerkung: daß eine nähere Bekanntschaft mit bestimmten Verhältnissen des Lebens und des Staats, so wie über die Einrichtungen im Kriegerstande, besonders mit den Kriegsgesetzen, noch zum Gegenstand der zweiten Prüfung gemacht werden sollte.

Daß die Wahl des Offizier-Corps dazu gehört, um einen Kandidaten zum Offizier zu befördern; ist durchaus zu billigen. Wir übergehen hier wiederum die nähere Beleuchtung der bestehenden Verhältnisse. — Aber es fehlt in den Staaten, welche in dem Bestehen guter Militair-Bildungs-Anstalten sich auszeichnen, in der Regel an Anstalten, in denen junge Leute, auch aus dem Civilstande, welche nicht in den Kadettenhäusern Aufnahme finden, sich für den Kriegerstand, namentlich zum Offizier so vorbereiten können, daß ihnen, wenn auch nur ein Theil des Vortheils, den die Zöglinge der zuletzt genannten Anstalten genießen, zu Gute kommt. Die Armee würde hierdurch manchen tüchtigen Offizier mehr erhalten, der ihr gegenwärtig entgeht, dagegen durch die dann eintretende Concurrenz, von manchem nicht geeigneten Offiziere befreit bleiben, den sie gegenwärtig erhält. — Auch müßte sich hierdurch ein glücklicheres Verhältniß zwischen dem Krieger- und dem Bürger-Stande bilden, als wir es wol zuweilen sehen, wo namentlich der Offizier als bevorzugt, und sein Stand für die Söhne des Bürgers als schwer zu erlangen, angesehen wird; letzteres selbst in Ländern, wo gesetzlich ausgesprochen ist, daß auch der Geburtsadel nicht mehr vorzugsweise nöthig sei, um Offizier werden zu können. — Wie es aber aus nahe liegenden Gründen, im Leben noch sehr gewöhnlich ist, daß die Söhne den Stand der Väter erwählen; so gehen auch die Offiziere, aus den Söhnen der Offiziere größtentheils hervor; und, wird bei den Wahlen der Kandidaten zum Offizier, in den Fällen einer Concurrenz, — vorausgesetzt bei völlig gleicher Tüchtigkeit — den Offiziersöhnen der Vorzug gegeben; — so wiederholt sich hierin nur eine Erscheinung, die auf ganz gleiche Weise bei allen Ständen, und nicht nur bei Beamten, ohne Ausnahme statt findet. — Dies kann nicht als unsittlich angesehen werden, da es mit tief greifenden sittlichen Pflichten und Menschenrechten nahe zusammenhängt. — Wir müssen noch bei dieser Gelegenheit auf die Offizier-Söhne hindeuten, deren Väter in kleinen Garnisonen stehen, woselbst sich nicht genügende Gelegenheit zur verlangten Vorbildung zum Offizier findet. Mancher tüchtige Offizier möchte gerade aus solchen Verhältnissen hervorgehen können, der bei den gegenwärtigen Verhältnissen dem Heere leicht entgeht.

Zu allem Vorstehenden bleibt allerdings noch Vieles auszuführen übrig. Wir meinen aber zusammenfassend Nachstehendes. — Wenn die Beförderung zum Offizier weder eine übereilte, damit nicht Treibhauspflanzen, — noch eine unnöthig verzögerte ist, damit nicht bereits verdorrte Gewächse zum Offizier gelangen; — wenn neben genügender und doch mäßiger Schul- und wissenschaftlicher Berufs-Kenntniß, vor Allem Sittenreinheit und Gesinnung, wie sie schon beim Jünglinge sich erproben läßt, und ihn vor allen anderen Eigenschaften zieren; — wenn Lebenslust und Geschick mit Menschen zu verkehren, Heiterkeit und Ernst für den Beruf des Kriegers, verlangt würde; — so könnte es nicht fehlen, daß auch eine immer tüchtigere Ausbildung für den Beruf eines Offiziers, wirklich erlangt würde. Dann müßte ein Offizier-Corps der Armee erwachsen, das sich wahre Auszeichnung erwirbt, auch ohne erst danach zu streben, wie wir denn überhaupt das Streben nach Auszeichnung, als den Wunsch oder das Verlangen etwas Besseres sein zu wollen als Andere, niemals als sittlich anerkennen können. — Einem so vorgebildeten Offiziers-Corps, würde man seine etwaigen Vortheile, — die jeder Stand in seiner Art neben seinen Lasten hat — nicht beneiden, sondern sie als wohlerworben, gern anerkennen. Man würde dann auch nicht, wie es leider wol hin und wieder der Fall ist, finden: daß nach den Flitterwochen, die wir dem jungen Offiziere gern gönnen, bald eine Unlust für den Dienst sich einstellt, ja nicht selten ein nichtiges Treiben, dessen nähere Schilderung wir hier übergehen, an die Stelle edler Beschäftigungen tritt. — Erfreulich ist es auch, manche schöne Erfahrung vom Gegentheile zu machen, und oft ächte Gediegenheit unter den jungen Offizieren zu finden. — Die folgende Betrachtung knüpft sich unmittelbar hier an; — und doch halten wir eine Trennung für sie, hier angemessen.

IX. Ueber den Offizier-Stand.

Die bisherigen Betrachtungen über den Kriegerstand, haben nur in ihren Grundzügen angegeben: worin die sittlichen Elemente dieses Standes im Allgemeinen bestehen, und das Verhältniß der verschiedenen Mitglieder desselben von der sittlichen Seite angesehen, geschildert. — Haben wir hiernach die höhere Bedeutung des Offizier-Standes ganz allgemein vorausgeschickt; so wollen wir ihm noch die nachfolgenden Betrachtungen besonders widmen. Es könnte zunächst bemerkt werden: daß wir der wissenschaftlichen Bildung zum Offizier eine zu geringe Bedeutung, ja ausdrücklich den wissenschaftlichen Forderungen dazu nur mäßige Gränzen gesteckt zu sehen wünschen, ohne uns hier näher über das unbestimmte Maaß solcher Gränzen ausgesprochen zu haben. Man könnte hierin ein Uebersehen des Werthes wissenschaftlicher Bildung für den Offizier, und hierin offenbar einen Mangel suchen. — Aber, so tief und allseitig auch die Wissenschaften in das Kriegswesen eingreifen, und auch hierdurch bedeutungsvoll für das Staatswohl werden; so ist doch dem Kriegerstande das sittliche Wollen und das praktische Können, nicht aber das reine Wissen zur nächsten

Aufgabe zu stellen. Wir erkennen es zunächst an, daß jener lare Unterschied zwischen Theorie und Praxis, wie wir ihn so oft aus dem Munde unwissenschaftlicher Menschen vernommen haben, gar nicht vorhanden ist; im Gegentheile erkennen wir keine Theorie als eine wahre an, die nicht Praxis werden will und kann, — sie wäre in der That weniger, als das Gebilde eines Traums; aber wir erkennen auch keine Praxis für eine heilsame, fördernde an, wenn sie nicht aus einer Theorie hervorgegangen ist oder hervorgehen kann, es dann aber auch muß, — denn sie wäre sonst weniger, als ein instinktmäßiges, thierisches Treiben. Beide Begriffe: Theorie und Praxis, sind nur die wechselseitigen Aeußerungen des Strebens nach Darstellung, überwiegend von der Innen- und Außenseite des Erkennens, welches Streben, wenn es sich in der Richtung auf das höchste Gut, das nur Eines ist, in jener zwiefachen Bedeutung äußert, wiederum die Sittlichkeit und die Gesinnung erzeugt. — Wollen wir nun die Praxis in jenem hohen Sinne: durch Kunst, in der höchsten Bedeutung dieses Worts bezeichnen; so ist es in der Richtung nach Außen: die Kriegskunst, welche der überwiegend praktische Krieger in seiner höheren Bedeutung, treiben soll, während der überwiegend forschende Krieger, diese Kunst auf die Kriegswissenschaften zurückführen und begründen wird.

Die Wissenschaften haben für das Leben überhaupt nur einen relativen Werth. Sie können ebensowol zur Beförderung des Bösen als des Guten dienen, und dienen auch noch immer dem Ersteren wie dem Letzteren; wir brauchen dies nicht besonders zu belegen. Dies gilt auch für die Kriegswissenschaften. Nur, wenn auch diese Wissenschaften im Dienste der Sittlichkeit sind, erzeugen sie Heil, sonst Verderben. — Je früher beim Unterrichte die hohe Bedeutung wahrer Wissenschaftlichkeit, durch den für sie begeisterten Lehrer hervorgehoben und beim Schüler angeregt wird, — und dies kann schon früh, selbst beim zarten Kinde geschehen — je mehr wird die Liebe für sie erzeugt, und nur was diese ganz erfaßt, läßt sie nie wieder von sich. — Sehen wir nun das spätere Treiben so Vieler aus allen Ständen, von denen man wissenschaftliche Bildung erwartet und bei den Prüfungen verlangt hat; so möchte man die oft auf's Lernen verschwendete Zeit bedauern. — Ist aber die wissenschaftliche Anforderung nur mäßig, wird statt des vielen Unwesentlichen beim Erlernen, der wahre Trieb für echtes Wissen erweckt und genährt; dann bleibt ja das ganze Leben zum Arbeiten in dieser oder jener Wissenschaft, und man sollte, wie früher gesagt, diesen Trieb nicht trüben, durch noch fernere abzulegende Prüfungen; — als wäre das ganze Leben nicht schon eine große Prüfung! — Und so könnten dann diejenigen Offiziere, welche für echte Wissenschaften geweckt sind, bei der schönen Zeit die ihnen der Dienst noch übrig läßt, die Wissenschaften im reichsten Maße treiben; die Mittel dazu sind theils vorhanden, oder könnten und müßten, wie es ja auch vielfältig bereitwillig geschieht, durch die Behörden geschafft werden. — In wiefern die höheren Vorgesetzten auch hierin die Vorbilder und Leiter der jüngeren Kameraden sein könnten, liegt zu Tage. — Meint man aber: Offiziere welche die Wissenschaften lieben, sollten zur Artillerie oder dem Ingenieur=Corps gehen, wo sie hinlängliche Gelegenheit fänden, die Wissenschaften zu lernen und zu treiben; so müssen wir, selbst abgesehen von der Ironie oder auch wol dem unklaren Gutmeinen in solchem Ausspruche, nach unserer Ansicht seine Richtigkeit bezweifeln; denn gerade diese beiden

Waffen als solche, gehen für die eigentlich wissenschaftlichen Studien verloren, da durch ihre bestimmte, die Zeit so sehr in Anspruch nehmende technische Richtung, den Offizieren das tiefere wissenschaftliche Treiben sehr erschwert, und durch die später noch abzulegenden Prüfungen selbst verleidet wird. Der practische Dienst nimmt überdies eine große Zeit in Anspruch. — Um so rühmlicher ist es, wenn einzelne Männer diese Schwierigkeit durch Fleiß und Ausdauer überwinden; der größte Theil der Offiziere jener Waffen, kann ein wissenschaftliches Leben nur schwer führen. Selbst die wichtigsten Hülfswissenschaften für die speziellen Artillerie- und Ingenieur-Wissenschaften, nämlich: die Mathematik und die Physik, werden in ihren eigentlich wissenschaftlichen Beziehungen, nur von Wenigen aufgenommen; und da es für die Erfolge im Dienst auch in der That gar nicht nöthig ist, daß jeder Artillerie- und Ingenieur-Offizier mit jenen Hülfswissenschaften ganz vertraut ist; so finden wir auch, daß in jenen mehr technischen Corps, die genannten Hülfswissenschaften nicht häufiger blühen, als unter den übrigen Offizieren. Hierin liegt gar kein Vorwurf, sondern unsere Behauptung ist nur ein nothwendiger Erfolg der vorliegenden Verhältnisse. Aber diese zwei Waffen durch: die gelehrten Waffen zu bezeichnen, und als solche zu bevorzugen; erscheint um so weniger richtig, als auch in taktischer Rücksicht keine Waffe als solche, eine gelehrte oder die Erste ist. — Und so könnten es denn vorzüglich die Offiziere der Infanterie und der Kavallerie, oder aus nahe liegenden Gründen die Ersteren wol noch mehr, es sein, von denen man das Studium der mannigfaltigsten Wissenschaften oder auch der Künste, erwarten kann. Auf den oft verkannten Werth der letzteren für den Kriegerstand, ist schon hingedeutet. Wie weit ein jeder Offizier diesem Verlangen entspricht, oder den größten Theil seiner Mußezeit mit reellen Beschäftigungen, durch welche wahre höhere Bildung gefördert wird, zubringt, wird sein Leben schon zeigen; eine Controlle in dieser Hinsicht ist aber sittlich nicht zulässig. Erholungszeit bleibt dennoch genug. — Welch ein Kapital von geistiger Intelligenz steckt in dem gebildeten Offizier=Corps einer Armee; wenn es nur immer geweckt und so recht benutzt würde! — Ein Offizier, der sich vorzugsweise den Kriegswissenschaften, namentlich den strategischen und taktischen Theilen widmet, eignet sich für den Generalstab; organisirende und verwaltende Talente, gehören für das Kriegs=Ministerium, und könnten auch für die Intendanturen zum wahren Vortheile der Armee benutzt werden. — Es giebt der Mittel und Wege gar viele, wie man, namentlich die Subaltern=Offiziere für ein höheres Streben anregen und gewinnen könnte. Wir wollen hier nur anführen, daß jeder Offizier der sich für höhere Stellen eignen soll, bei den drei Waffen: Infanterie, Kavallerie und Artillerie (weniger nöthig erscheint es bei den Ingenieuren) Dienste gethan haben müßte. Es ist gar nicht erforderlich, wie Einige meinen, daß man jede dieser Waffen bis in das geringste Detail durch jahrelangen Umgang mit derselben müßte getrieben haben, um Nutzen von ihnen zu erhalten; zur Kenntniß ihrer Leistungen genügt kürzere Zeit; das haben höhere Offiziere hinlänglich bewiesen. — Wenn Offiziere, auch außer den Kriegswissenschaften, wahrhaft wissenschaftliches Streben zeigen, so sollten sie die Winter=Semester auf den Universitäten ihrer Provinzen studiren und dann Rechenschaft von den Erfolgen zu geben haben. Auch wäre es wol zweckmäßig, auf jeder Universität eine Fakultät für die Kriegswissenschaften zu errichten; Lehrer hierfür würden sich bald finden oder heranbilden. Ohne Zweifel könnten und würden auch manche Civilisten an diesen Vorträgen mit Nutzen Theil nehmen. — Die Lehrer an den Militair-Unterrichts-Anstalten, könnten fast ausschließlich Offiziere sein. — Eine Kriegsschule müßte die höchste wissenschaftliche Bildungs-Anstalt, in rein militairischer Beziehung, sein. — Großen Segen für die Armee muß ein Mann an der Spitze solcher Anstalt bringen, wenn er bei eigener wissenschaftlichen und sittlichen Bildung, nicht nur mit den Offizieren welche diese Anstalt besuchen, sondern auch mit den Offizieren der ganzen Armee, welche sich wissenschaftlich beschäftigen und seinen Umgang mündlich oder schriftlich suchen, im steten regen Verkehr lebt. — Eine Vereinigung verjenigen Offiziere der Armee, welche sich vorzugsweise den Kriegswissenschaften widmen, zu einer Akademie oder zu einer freien militairisch-literarischen Gesellschaft, könnte von schönem Erfolge sein. — Auch würden Reisen, mit bestimmten Aufträgen verbunden, besonders zur Kenntnißnahme der Einrichtungen anderer Armeen durch den Augenschein, so wie unter bestimmten Umständen durch Theilnahme an auswärtigen Kriegen, von vielseitigem Nutzen sein. — Noch giebt es mannigfaltige Aufträge und Beschäftigungen, zu denen Offiziere sich besonders eignen, wie man ihnen denn auch in einigen Staaten die Vermessungen und Aufnahmen des Landes überträgt. Daß die kleineren Kavallerie-Garnisonen, sowie andere Lokalitäten, die Ausführung unserer Ansichten erschweren; hindert nicht, daß auch hier geholfen werden kann. — Die Aufgaben welche die Offiziere zur schriftlichen Bearbeitung erhalten, erfüllen aus nahe liegenden Gründen ihren Zweck nur sehr unvollkommen. — Entgegnet man vielleicht: daß bei jenen außerordentlichen Aufträgen, durch die Zahl der kommandirten Offiziere, für den Dienst zu wenige Offiziere übrig bleiben würden; so erwiedern wir: der Dienst bleibt freilich die Hauptaufgabe für den Offizier, aber manches Ueberflüssige könnte unter Umständen zweckmäßig wegbleiben, namentlich zum Theil die täglichen Paraden. Die Zeit der größeren Uebungen, müßte alle Offiziere bei den Truppen vereinigen, so weit dies für die etwaigen Kommando's zulässig ist. — Doch wir übergehen wiederum hier die Vorschläge für zweckmäßige Aenderungen und Einrichtungen, welche sobald sie als wahrhaft nothwendig erkannt sind, auch gewiß eintreten werden.

Aber, die Frage hören wir aufwerfen: Was denn der Erfolg einer solchen immer zunehmenden Bildung der Offiziere, zunächst der Subaltern-Offiziere, sein würde; — für sie, welche sich gegenwärtig schon mitunter über ihre Vorgesetzten erheben und diese bemeistern möchten, besonders, so sagt man, wenn sie von der Kriegsschule kommen! Eine Unlust am Dienste müßte doch endlich die unausbleibliche Folge sein, sobald die Offiziere Bedürfnisse und Verhältnisse kennen lernten, durch welche sie über ihre Sphäre geführt werden. — Auf diese und viele andere uns bekannte Entgegnungen, sind wir vorbereitet. Wir entgegnen wieder: Wahre Bildung hat noch Keinem geschadet und wird selbst dem Krieger in den untersten Verhältnissen nicht schaden; nur Verbildung und sittlicher Mangel ist es, wenn ein Einzelner im Dünkel seine Stellung im Ganzen verkennt und nicht weiß was ihm auf seinem Standpunkte geziemt. Wir können es daher nicht oft genug wiederholen: Die Sittlichkeit ist die Hauptforderung, welche wir an jeden Krieger, vor Allen an den Offizier machen, und noch nie hat ein gesitteter Mann sich über seine Stellung erhoben; er läßt aber auch seine Gesinnung nicht unterdrücken oder sie wol gar vernichten. Bei ächt wissenschaftlicher Erkenntniß findet er dann bald, wie geringe der Unterschied zwischen dem Viel- und dem Wenig-Wissenden, gegen das Wissen überhaupt gehalten, ist, und Bescheidenheit nicht aber Vorwitz, Demuth aber nicht Hochmuth, wird der Erfolg wahrer Wissenschaftlichkeit in Verbindung mit der Gesinnung sein. — Wenn sich aber dem so Gebildeten, Mangel an wahrer Bildung entgegenstellt; so wird er, sobald die ihm sittlich erlaubten und gebotenen Mittel zur Abwehr nicht ausreichen, da zu schweigen wissen, wo Ort und Zeit es gebieten. — Daß die fortschreitende Bildung der unteren Chargen, auch eine gleiche der höheren bedingt, ist natürlich; und es wird sich naturgemäß finden, was hier noch zu erwarten steht.

Die wahre Kameradschaft unter den Offizieren, die wir schon früher berührten, ist eine schöne Sache; aber auch sie kann mißverstanden werden, und sich leicht ein Ton einschleichen, der nicht mehr den sittlichen Bedingungen entspricht. — Sie ist in speziellen Verhältnissen des Lebens dasselbe, was die Bedingungen jeder engeren Verbrüderung im Allgemeinen sind. Sie hat ihre sittlichen Bedingungen für ihr Bestehen zunächst von Innen zu gewinnen, von Außen aber das, was die Umstände gebieten aufzunehmen. — Oft hört man von einem ritterlichen Geiste, der in dem Offizier-Corps einer Armee herrschen soll. Nun ja, eine wahrhaft ritterliche Gesinnung, die sich vor Allem in der Beschützung und Vertheidigung des Rechts der Unterdrückten, und in der Unerschrockenheit die keine Furcht, wol aber Aufopferung für das erkannte Gute, wo sie es auch findet, zeigt, — ist eine schöne Sache. Wird uns aber statt derselben nicht mitunter ein Zerrbild gezeigt? Sehen wir nicht zuweilen eine leere Vornehmthuerei, eine übermüthige Klug- und Großsprecherei, eine, vom sittlichen Standpunkte aus nie zu rechtfertigende Uebelnehmerei, die sich überall zu nahe getreten und beleidigt glaubt? Und findet sich dies nicht häufig noch verbunden mit einer, zu schmerzlichen Conflikten führenden Ausschließung derer, welche nicht zur engeren Kameradschaft gehören? Die christlichen Ritter (von anderen Rittern kann doch keine Rede hier sein) als solche, zeigten Demuth, aber strenge Pflichterfüllung gegen Jedermann; Einschränkungen für sich, um für Andere zu haben wo es Noth that; Strenge gegen sich selbst und Milde gegen Andere. — Mit den eben genannten Uebeln steht namentlich auch das oft leichtsinnige Schuldenmachen, ohne bestimmt zu wissen wovon und wann man dem Gläubiger gerecht werden kann, in Verbindung, aber mit ächter Ritterlichkeit im Widerspruche; und das um so mehr, da das äußere Gesetz den schuldenmachenden Offizier nicht so scharf belangt als den Nicht-Offizier. Hiernach muß das Verhüten des leichtsinnigen Schuldenmachens, zur Ehrensache gemacht werden. Dieser wunde Fleck im täglichen Leben gar Vieler, wird oft zu leicht genommen. — Ein Offizier, der nicht größere Ansprüche an seine Bedürfnisse macht als sittlich gemacht werden können, kann in der Regel mit dem Solde auskommen, und für außerordentliche Fälle sind wol in allen Armeen auch außerordentliche Hülfen vorhanden. — Giebt man den eingerissenen Luxus als Ursach der Schulden an; so ist es gewiß unsittlich, mehr Luxus zu treiben als die Verhältnisse es gestatten und für ihn erübrigt werden kann, während ihn im angemessenen Grade vom Ueberschuß zu treiben, sogar sittlich geboten ist. Denn der Luxus, der doch nur im Genuß und Gebrauch des nicht geradezu Nöthigen besteht, ist es mit, der das Leben erheitert, verschönert und mittelbar veredelt; welcher die Industrie, die Künste, ja auch die Wissenschaften befördert. — Aber für die gehörige Beschränkung der Ausgaben, namentlich der Subaltern-Offiziere, wird nicht überall gehörig Sorge getragen. Kann man auch Keinem verbieten oder gebieten, wie er sein Geld verwenden soll; so hat man doch namentlich den unfreiwilligen und den nicht nöthigen Abzügen, vorzüglich beim jungen Offiziere der von seinem Solde leben soll, und unter gewöhnlichen Umständen es auch kann, vorzubeugen, damit ein Schuldenmachen nicht veranlaßt wird. Leicht läßt sich noch so Manches anführen, wobei über die Grenzen des Nöthigen und Angemessenen hinausgegangen wird, namentlich in der Kleidung und bei dem Mittagstische. — Wir gehen nicht noch näher auf diesen Gegenstand hier ein, mußten ihn aber berühren, der so leicht herbei geführten unsittlichen Folgen wegen.

Hat der Subaltern-Offizier sich in seinen Verhältnissen bewährt; so erhält er in der Regel eine Kompagnie (Eskadron). Die Stellung eines Kompagnie-Chefs, ist für den Dienst wol die wichtigste in der Armee. Wenig Zeit bleibt dem, welcher sich ihr ganz widmet, zu anderweitiger anhaltender Thätigkeit; doch lehrt die Erfahrung, daß bei Vielen kein Stillstand in ihrer höheren Ausbildung eintritt. Nur ist ein zu langes Verbleiben in diesem Verhältnisse, leicht mit einem Ermatten und Veralten verknüpft, dem durch geeignete Mittel vorzubeugen ist. Daß ein jeder zu noch höheren Stellen zu berufender Offizier, wenn auch nur kurze Zeit eine Kompagnie kommandirt habe, ist gut, doch nicht unerläßlich; dies beweisen Beispiele genug aus der täglichen Erfahrung. — Betrachtungen vom sittlichen Standpunkte aus, welche sich speziell auf den Compagnie-Chef beziehen, wissen wir den früheren nicht hinzuzufügen. — Bis hierher reicht das subalterne Verhältniß der Offiziere; Zeit und Gelegenheit war genug vorhanden, die Brauchbarkeit für den höheren Dienst zu prüfen. Daß wir spezielle Prüfungen oder Examen für Offiziere, nicht mehr für geeignet halten, ist früher bereits erwähnt; etwas Anderes ist es mit der Ausführung bestimmter Aufträge, wenn sonst noch eine Entscheidung als erforderlich erscheinen sollte. — Nur darf letztere sittlich nie in einem sogenannten: Auf die Probestellen bestehen; namentlich dann unter keiner Bedingung, wenn damit ein: In Versuchung Führen verbunden ist. —

Die Stellung des Stabs-Offiziers gehört zu den höheren, in denen ein unbefangener, freier Blick über die kriegerischen Elemente, und über diese hinaus nach allen Seiten hin, nöthig ist. Die sittlichen und dienstlichen Nachtheile eines zu speziellen Bekümmerns, von Seiten der höheren Offiziere, um die Wirksamkeit der Untergebenen; haben wir bereits in den Betrachtungen über den Dienst und die Disciplin angeführt. Das Ueberwachen der Wirksamkeit der Untergebenen kann doch geschehen, und die Controlle braucht nicht zu fehlen. Aber das eigentliche Feld der Wirksamkeit der Stabs-Offiziere, ist das ihnen untergebene Offizier-Corps, die Leitung desselben zur höheren Ausbildung in jeder Beziehung, so wie ihre eigene Fortbildung zur noch höheren Wirksamkeit. — Wie dies zu erreichen ist, liegt in der Persönlichkeit des Einzelnen, welche zu entfalten hier die schönste Gelegenheit findet, so wie in den durch die mannigfaltigsten Umstände gebotenen und vorhandenen Mitteln. — Diese Pflicht steigert sich wo möglich noch für die Generalität.

Die Wirksamkeit des Generals ist in der That eine lohnende, wenn er — und das ist doch ein Erforderniß — die Rüstigkeit des Körpers und des Geistes, so wie die sittliche Gediegenheit besitzt, ohne welche sein wichtiger und schöner Beruf im Frieden wie im Kriege, nicht gehörig erfüllt werden kann. Daß die eigene Fortbildung auch hier nicht ruhen darf, ist für sich klar. — Ob man den höheren Offizieren nicht auch politische Rechte geben sollte, z. B. als solche Mitglieder der Stände-Versammlungen zu sein, sobald die freie Wahl der Wählenden sie dazu beruft; wäre wol in Betracht zu ziehen. — Der Nutzen von solchen Mitgliedern, ist bei Berathungen zum Wohl des Volkes gewiß unverkennbar.

Wir haben noch den Punkt des Avancements von der sittlichen Seite zu betrachten. — Beide Prinzipe für dasselbe: das nach dem Dienstalter und das nach außergewöhnlicher Tüchtigkeit (auch wol: nach Verdienst oder Auszeichnung genannt), haben ihren sittlichen Werth, besonders in ihrer richtigen Verbindung. — Daß für die Subaltern-Offiziere das Avancement nach dem Dienstalter, für die höheren Chargen aber die besondere Bewährung oder Befähigung im Allgemeinen die Regel ist, die also, gleich keiner Regel ohne Ausnahme sein kann; erkennen wir für das Richtige an. — Einen Offizier der sich ausgezeichnet, schneller zu befördern als nach dem Dienstalter, ist gewiß richtig, ja in geeigneten Fällen ist ein Tiefgreifen bis zu dem wahrhaft Geeigneten, unbedingt zu billigen. Doch muß mit einer solchen Bevorzugung, stets eine Versetzung verbunden sein, damit nicht ein bisheriger Untergebener, sofort zum Vorgesetzten seiner bisherigen Vorgesetzten werde; dies ist, auch abgesehen von anderen Nachtheilen, mindestens kränkend. Bei längerer Zwischenzeit fallen jedoch diese Rücksichten im Allgemeinen fort. — Aber sehr schwer, schwerer als man meint, ist es, die wahre Auszeichnung zu erkennen und zu würdigen, und auf dem Wege der geheimen Conduiten, gelangt man gewiß nicht dazu. Wir haben uns über die, oft sehr zweideutigen Ansichten von Verdiensten, schon früher ausgesprochen. — Die öffentliche Stimme, die hier das Richtige wol trifft, giebt selten ihren Beifall über die Bevorzugten; nicht aus Mißgunst, sondern aus der richtigen Kenntniß und Würdigung der Verhältnisse. — Der wirklich Ausgezeichnete wird durch die öffentliche Stimme seiner Kameraden bald als solcher bezeichnet; und überließe man dem Offizier-Corps hierbei eine entscheidende Stimme; gewiß, man würde keine schlimmen Erfahrungen machen. — Dies wäre auch gar nicht schwer durchzuführen. — Beachten wir aber: daß im Frieden eigentlich wenig Gelegenheit zum A u s z e i c h n e n ist, und daß eine Bevorzugung selten zum frommen des Vorgezogenen gereicht, zumal sich dann leicht Eitelkeit und Einbildung einstellen, daß aber Gediegenheit und strenge Pflichterfüllung nicht zu dem gehören was besondere Bevorzugung verdient; so können im Frieden auch nur selten Extra-Avancements vorkommen. — G r o ß e A r m e e v e r ä n d e r u n g e n u n d A v a n c e m e n t s a n b e s t i m m t e n J a h r e s t a g e n, haben unverkennbar ihr Gutes; namentlich eignen sie sich zu einer billigen Ausgleichung des Avancements durch die ganze Armee, das auch für die Subaltern-Offiziere mehr zu beachten wäre. Aber jene großen Veränderungen haben auch ein sehr sittliches Bedenken. Das Warten auf einen solchen Tag, gleicht einem fieberhaften Zustande, der nur am entscheidenden Tage, wenn er seinen höchsten Punkt erreicht hat, augenblicklich sinkt, um sofort wieder für's ganze nächste Jahr zu beginnen. Wenige Offiziere, die auch nur entfernt eine Veränderung erwarten können, — und mittelbar auch alle übrigen, durch die erwarteten Veränderungen, welche mit ihren Kameraden und Vorgesetzten vorgehen, — werden ihrer Stellung recht froh und wirken ausdauernd mit Rüstigkeit, Lust und Liebe bis zu jenem, sei es zu fürchtenden oder zu hoffenden Tage. Das Nachsuchen um Berücksichtigung für solche Tage, die übertroffenen so wie die getäuschten Hoffnungen, die Klagen derer welche sich verrechnet haben, die vielen plötzlich zerrissenen Verhältnisse in jeder Beziehung, und hundert andere Dinge die sich an all dies knüpfen; müssen störend auf die sittliche Entwickelung des Offizierstandes wie des ganzen Heeres einwirken. — Wie hier zu helfen sei, ist eine große Frage, deren Beantwortung einem Rathe der gediegensten, in den nicht leicht zu durchschauenden Avancements - Verhältnisse erfahrensten Offizieren, vorzulegen ist. Ein Einzelner kann hier eben so wenig das Beste angeben, wie es in den Kräften eines Einzelnen liegt, diese wichtigen Angelegenheiten des Offizier-Corps einer Armee zu ordnen und zu leiten, wenn zugleich den sittlichen Anforderungen entsprochen werden soll, welche hierbei eben so wichtig als die rein dienstlichen, zu berücksichtigen sind. — Man hat in einigen Armeen die Maxime: schon beim Avancement zum Offizier, wol gar schon vorher oder auch bald nach Erlangung zu dieser Stellung, zu entscheiden: wer sich zu einer noch höheren Stelle als der eines Hauptmanns eignet und wer nicht. (Etwas Aehnliches findet sich auch in der Preußischen Armee, bei der Beförderung der Militair-Aerzte zu höheren Stellen. — Beiläufig gesagt, erfahren diese Männer in den meisten Armeen in den niederen Chargen, noch nicht in ihrer Stellung immer den Grad von Berücksichtigung, welcher ihnen nach ihrer gegenwärtigen Bildung und Wirksamkeit wol gebührt). — Ob solche Scheidung der Offiziere, bei den verschiedenen Anforderungen welche man an die Bildung derselben in den Armeen macht, nothwendig ist; hängt freilich von dem Grade der sittlichen und intellektuellen Bildung der Offiziere ab. Daß sie aber störend auf die echte Kameradschaft, so wie auf die sittlichen Verhältnisse des Offizier-Corps einwirken muß; ist unverkennbar. Da, wo solche Scheidung nicht stattfindet, ist es immer noch an der Zeit, bei Offizieren welche später zeigen daß sie sich zu höheren Stellen nicht eignen, einzuschreiten und sie offen hiermit bekannt zu machen, oder ihnen andere entsprechende Stellungen bei Zeiten zu überweisen. — Ferner ist es üblich, namentlich bei Subaltern-Offizieren, gewisse Offizier-Vakanzen durch Avancement der unmittelbaren Hinterleute, andere Stellen durch sogenannten Einschub zu ergänzen. — Es liegt diesen Bestimmungen gewiß eine schöne Ansicht von gerechter und zweckmäßiger Verbindung der oben genannten Prinzipe zum Grunde. Aber diese Bestimmungen können auch gar leicht zu unmittelbar unsittlichen Folgen in den Offizier-Corps führen; denn, wenn z. B. Todesfälle und Abschiednehmen, zum Avancement nach dem Dienstalter berechtigen; so greift dies auch der Kameradschaft an die Wurzel. — Wollen wir auch gerade nicht das Spekuliren auf den Tod oder die Invalidität eines Kameraden voraussetzen; so muß das nahe liegende Einwirken auf das unfreiwillige Abschiednehmen, sowol von Seiten der Vorgesetzten als der Untergebenen, doch beherzigt werden; es hat die schlimmsten Erfolge! — Wol wissen wir, daß auch die edelsten, die schönsten Einrichtungen gemißbraucht werden können; aber wir leben auch der festen Ueberzeugung, daß vielem

Mißbrauche schon sehr begegnet werden kann, durch zweckmäßige Verordnungen; genügend aber nur durch die fortschreitende Sittlichkeit und die erstarkende Gesinnung im Offizier-Corps selbst. — Und so ist es denn auch die schöne Einrichtung: daß bei untadelhaftem Dienen, nach gewissen Dienstjahren der Krieger mit einer bestimmten Pension ausscheidet, — welche zu unsittlichen Folgen führen kann. Denn sobald nur noch eine, längst vorher bekannte Zeit erforderlich ist, bis eine bestimmte Höhe der Pension erdient ist; so kann es nicht fehlen, daß so Mancher sich noch im Dienste hält oder gehalten wird, dem längst die Bedingungen zum rüstigen Dienen fehlen. — Wenn hierin auch oft eine edle, wohlwollende und menschenfreundliche Berücksichtigung von Seiten der Behörden nicht zu verkennen ist, — so kann doch in dieser Angelegenheit zur Verhütung des Mißbrauchs so Manches bereits jetzt geschehen, was dem zuletzt genannten Uebel entgegen tritt, wozu wir unter Anderm auch in geeigneten Fällen zählen: daß der Offizier, bei welchem man nach gewissenhafter Erwägung, die Dienstunfähigkeit unbezweifelt nahen sieht, bei Zeiten aufmerksam auf seinen Zustand gemacht wird; er aber denselben, wenn die eigene Erkenntniß hierin fehlt, nicht erst durch den Erfolg der geheimen Conduiten erfährt. —

Und wir sollten hiermit die Betrachtungen über den Offizier-Stand schließen, ohne noch von dem zu reden, was man wol häufig allen anderen Erfordernissen voranstellen hört? Wir kennen es wol; fragen aber: was wäre es vom höchsten, vom sittlichen Standpunkte aus denn noch, dessen wir nicht erwähnt hätten? Von einem anderen Standpunkte jedoch sollte hier nicht geredet werden. Oder giebt es etwa noch einen höheren? Betreffen aber jene Forderungen Dinge, die sich, gleichwie ein nie Bezweifeltes, ganz von selbst verstehen; so ist es mindestens überflüssig, sie noch besonders vorzuführen. — Mißverstandene oder als unrichtig zu bezeichnende Forderungen, haben wir gleichfalls an den geeigneten Stellen berührt. — Aber das Vortreffliche, das sich im vaterländischen Heere — ohne Zweifel unter den größeren Heeren, in sittlicher Hinsicht dem ersten der Erde — findet: — bedarf dies noch einer besonderen Hervorhebung, da es täglich durch sich selbst spricht?

Und so scheiden wir vom geneigten Leser mit dem Wunsche: Daß Derselbe mit eben der Gesinnung das Gegebene hinnehmen möge, mit der wir uns bewußt sind, es gegeben zu haben. — Meint man aber: daß diese Betrachtungen als sehr überflüssige Bemühungen erscheinen, durch das Undurchdringliche dringen zu wollen, oder den Saamen zu Früchten enthielten, die schwerlich unsere Nachkommen genießen werden; so entgegnen wir statt alles Anderen nur:

> Daß der Uebertragung erkannter sittlicher Ansichten in die That, nur noch fehlt: das Wollen. Das Können wird bei zunehmender sittlicher Erkenntniß und einer wachsenden Gesinnung, dann auch gelingen; Jedem in seiner Eigenthümlichkeit und auf seinem Posten.

Berlin, Druck von J. Petsch.

FSC
www.fsc.org
MIX
Papier | Fördert gute Waldnutzung
FSC® C083411

Kolibri 360 GmbH
Ferdinand-Jühlke-Straße 7
99095 Erfurt, Deutschland
produktsicherheit@kolibri360.de